O PENSAMENTO GEOGRÁFICO BRASILEIRO

vol. 2: as matrizes da renovação

Consulte nosso catálogo completo e últimos lançamentos em **www.editoracontexto.com.br**.

Ruy Moreira

O PENSAMENTO GEOGRÁFICO BRASILEIRO

vol. 2: as matrizes da renovação

Foto de capa
Jaime Pinsky

Montagem de capa
Gustavo S. Vilas Boas

Diagramação
Kenosis Design

Preparação de textos
Poliana Magalhães Oliveira

Revisão
Daniel Seraphim

Dados Internacionais de Catalogação na Publicação (CIP)
(Câmara Brasileira do Livro, SP, Brasil)

Moreira, Ruy
O pensamento geográfico brasileiro : as matrizes da renovação /
Ruy Moreira. – 2. ed., 2ª reimpressão. – São Paulo :
Contexto, 2023.

Bibliografia.
ISBN 978-85-7244-448-4

1. Brasil – Geografia – Estudos 2. Geografia – Estudos
3. Geografia – Filosofia I. Título.

09-07422 CDD-918.1

Índice para catálogo sistemático:
1. Brasil : Geografia 918.1

2023

EDITORA CONTEXTO
Diretor editorial: *Jaime Pinsky*

Rua Dr. José Elias, 520 – Alto da Lapa
05083-030 – São Paulo – SP
PABX: (11) 3832 5838
contato@editoracontexto.com.br
www.editoracontexto.com.br

Talvez o aspecto mais curioso nessa história da pesquisa geográfica resida no modo pelo qual a exploração da "natureza" e do "espaço" se divergira a tal ponto que a geografia de um determinado tipo parecia eliminar a geografia sobre o outro tema.

David Harvey

A história é emocionante porque encontramos nela uma tensão dramática; em compensação, a geografia se divide em relevos, climas, populações, vegetações etc. Estas séries de conhecimentos são ensinadas como se ali nada estivesse em jogo.

A geografia também tem a ver com o drama.

Yves Lacoste

Lugares e tempos – o que há em mim que vai ao encontro de todos eles,
seja quando for ou onde for, e me faz sentir em casa?
Formas, cores, densidade, odores – o que está em mim que corresponde a eles?

Walt Whitman

SUMÁRIO

APRESENTAÇÃO

O período entre 1950 a 1970 é marcado por intenso movimento de crítica e renovação do pensamento geográfico no mundo e no Brasil. Orientada no início para o positivismo como fundamento do discurso geográfico existente – neste livro designado geografia clássica –, paulatinamente a crítica descobre no processo histórico da acumulação primitiva e na abstratividade do valor que vem com ele as origens dos problemas que se busca resolver.

No Brasil o movimento expressou-se por um elenco de obras das quais selecionamos sete – as de David Harvey, Neil Smith, Massimo Quaini, Jean Tricart, Milton Santos, Yi-Fu Tuan e Yves Lacoste – para referências de nossa análise. É certo que trata-se de um critério de escolha do autor. E também é certo que é controverso o conceito de renovação aqui usado. Já foi dito por alguém que o tradutor frequentemente trai a obra que traduz. O mesmo se pode dizer do analista de ideias. É inevitável que a crítica confunda as ideias que analisa com as suas próprias. E a tal ponto que o leitor já não sabe o que é da obra e o que é do analista. Isto vale para os critérios de escolha. Mas é a reflexão sobre as ideias, críticas e soluções desse período, mesmo que limitada a essas sete obras e autores, o propósito deste volume que o leitor tem nas mãos.

As correntes teóricas da geografia clássica que analisamos no volume 1 são aqui complementadas com a análise das novas correntes. Uma comparação sistemática é feita das ideias novas com as velhas, de modo a permitir ao leitor acompanhar e traçar seu próprio juízo sobre o movimento da renovação. Para isto, completa-se o painel da evolução histórica da geografia francesa, trazendo-a até o período dos anos 1950-1970, e acrescenta-se o da geografia norte-americana e da geografia alemã, além do quadro evolutivo da geografia brasileira até os anos 1960. Não sendo um livro de história do pensamento geográfico, mas de epistemologia, este quadro de história da evolução do pensamento francês, norte-americano, alemão e brasileiro, em sua fase de formação e amadurecimento, visa apenas oferecer ao leitor o essencial do painel necessário ao acompanhamento do trajeto analítico da renovação das ideias. As obras historiográficas do pensamento geográfico que usamos como referência estão na bibliografia.

Com o intuito de abrigar o espectro mais amplo do movimento da renovação tal como ocorreu no mundo, mas visto a partir de sua ocorrência no Brasil, o livro foi dividido em quatro partes. A primeira parte analisa o momento de auge da geografia clássica e apresenta as primeiras críticas que levam à necessidade de sua mudança nos Estados Unidos e na França. A segunda parte oferece o resumo crítico das sete obras que escolhemos para apoio da análise do movimento renovador, buscando-se reproduzir pura e simplesmente a ideia de seu autor, a partir do que entendemos por seu núcleo lógico. A terceira parte traça a síntese da teoria que cada autor oferece em seu livro como alternativa às teorias clássicas, dando-se ênfase à sua estrutura discursiva e procurando-se pontuar as ideias na forma que permita ao leitor ao tempo que conhecê-las em sua originalidade, compará-las entre si e com as teorias dos clássicos. A quarta parte, por fim, faz o balanço avaliativo da renovação propriamente, analisando-se seus pontos de avanço e suas teses.

Este volume completa-se com um terceiro, inteiramente dedicado à geografia brasileira desde o seu período de maturidade nos anos 1940-1950 até os dias de hoje.

AS TRANSFORMAÇÕES DA GEOGRAFIA CLÁSSICA

Entre 1950 e 1970 a geografia clássica atinge o auge de difusão e prestígio. Paradoxalmente, entretanto, um misto de euforia e crítica toma conta do ambiente dos geógrafos em todo o mundo. A euforia já havia levado George a comparar os geógrafos aos poetas exegetas da sociedade industrial. E a crítica vem de outro geógrafo francês, Yves Lacoste, na forma da denúncia de uma imensa sensação de inutilidade que então domina a comunidade estudantil e as novas gerações de geógrafos.

Esse momento de euforia e crise coincide com a entrada da sociedade moderna numa fase de acentuado caráter industrial e forte presença do Estado via planejamento dos seus espaços, características estas que numa certa generalidade todas as sociedades adquirem no período do pós-guerra, avançando sobre todas as economias e empurrando o capitalismo para um desenvolvimento em escala mundial.

Se por um lado a emergência da indústria e do planejamento estatal conduz a Geografia a um papel de importância inusitada, por outro lado as limitações teóricas e prático-operacionais que esta nova forma de práxis torna visíveis produz o coro de insatisfações mencionado por Lacoste. São as críticas, mais que a euforia, o fato que engendra nos anos 1950 um desejo de mudanças.

O auge, difusão e declínio

Dois contrapontos teórico-metodológicos vão balizar esse desejo: a crítica de Schaefer às concepções hartshornianas com pano de fundo no todo do ambiente da geografia norte-americana e a polêmica ciência pura *versus* ciência aplicada, rememorativa da crítica dos sociólogos do começo do século XX, que no mesmo momento ocorre no ambiente da geografia francesa.

E são esses dois embates, um em cada lado do Atlântico, a senha da declaração do término de uma fase e da necessidade da entrada numa nova.

A geografia norte-americana e o contraponto Schaefer-Hartshorne

Em 1953, num texto de forte conteúdo condenatório, "O excepcionalismo na Geografia: um estudo metodológico", Fred K. Schaefer (1904-1953), um geógrafo de origem na economia, põe em questão o caráter científico da Geografia então produzida nos Estados Unidos (Schaefer, 1976). Visando a geografia norte-americana, toma, entretanto, Hartshorne, particularmente por seu livro de 1939, *The nature of Geography: a critical survey thought in the light of the past*, como pretexto e referência. Schaefer centra sua crítica na afirmação de Hartshorne, feita em diferentes textos e momentos, mas, de resto, geral e costumeira entre os geógrafos norte-americanos, da Geografia como uma ciência única quanto ao método, nisso diferindo das demais, numa visão de peculiaridade que Schaefer designa de excepcionalismo.

Schaefer concebe o excepcionalismo como uma herança kantiana. Kant, diz ele, vê a Geografia como uma ciência de síntese, feita por intermédio do espaço, gêmea e ao lado da História, que faz a síntese por meio do tempo. Assim, a Geografia seria diferente – como ela, só a História – de todas as demais ciências, todas analíticas. Daí Schaefer entende derivar todos os problemas, bem presentes na geografia moderna, em particular a norte-americana, como no exemplo da obra de Hartshorne. O caráter de síntese, diz, leva ao descritivismo. E, ao retirar a Geografia do contexto da divisão do trabalho, campo epistêmico real da distinção entre as ciências, deixa-a fora do intercâmbio que enriquece e atualiza cada ciência, defasando-a no tempo perante o desenvolvimento das demais. Humboldt e Ritter, mas Humboldt particularmente, haviam contornado esses problemas, definindo como interesse da Geografia compreender e explicar a maneira como os fenômenos, incluindo o homem, se distribuem pelo espaço, ocupando-se da distribuição espacial do fenômeno, mais que do fenômeno em si, referendando aquilo que os geógrafos gregos designavam por corografia, ou, a depender do nível de abstração teórica, corologia. Ademais, ambos estabelecem a superfície terrestre, não o planeta, retirado enquanto tal do âmbito da Geografia pela ascensão da Geofísica e da Astronomia, como seu campo. Além disso, atentam para o fato de que há fenômenos da superfície terrestre que têm relação espacial e há os que não a têm, devendo a Geografia ocupar-se dos primeiros e deixando os segundos para as outras especialidades. Preocupa-os a questão da lei científica. Para obtê-las, os geógrafos devem buscar apreender o entrelaçamento desses fenômenos espaciais em termos de formação e relação de áreas. E, nessa captura, saber perceber que as áreas são diferentes entre si porque contêm fatores distintos ou porque contêm os mesmos fatores, mas que se combinam de modo diverso. Assim, devem se voltar para a tarefa de elucidar e formular leis que governam as configurações e diferenciações das áreas em termos espaciais em todo e qualquer contexto. Há em Humboldt e Ritter, então – prossegue Schaefer –, uma forma bem resolvida de relação entre o plano sistemático e o regional, tal como implica uma visão corológica, não encontrada em Hartshorne. A geografia sistemática, para eles, é o plano da determinação das regras e leis de regência das arrumações dos recortes espaciais.

Para Schaefer, está exatamente na inversão ou abandono dessa relação a origem do excepcionalismo. A Geografia como síntese da totalidade dos fenômenos, de Kant, e a geografia regional como o seu âmago, da tradição que a partir de um momento se implanta, tomando a região como uma combinação espacial, única e de certo modo uniforme, são as teses que invalidam a possibilidade da descoberta das leis, dada a impossibilidade de a lei manifestar-se seja para o plano tautológico, seja para o caso único, inviabilizando a Geografia como ciência, restando-lhe, como prática, tratar a região no caráter de uma classificação e apenas descrevê-la, porque a isso se limita a capacidade do método regional.

Schaefer chega a sugerir ser uma característica da história metodológica da Geografia a alternância de uma fase definida na geografia sistemática e outra na geografia regional, lamentando a perda da lucidez científica das formulações de Humboldt. Para isso, haveria que se combinar o geral e o regional. Assim como na geografia regional vai-se buscar nas relações internas da região as correlações pelas quais os fenômenos interagem, faltando, no entanto, a extrapolação que leve ao contexto das relações mais gerais, também na geografia sistemática logra-se obter nas interações gerais as condições do estabelecimento das correlações que possibilitam a formulação das leis regentes, mas faltam as concreções regionais que atestam e afirmam essas leis. Acaba-se, assim, por se ter como método uma tradição de excepcionalismo e uma produção que mantêm a Geografia localizada numa fase pré-científica, pautada na taxonomia e na descrição, já ultrapassada por todas as demais ciências, incluindo-se a História.

É para Schaefer a visão hartshorniana inspirada e centrada em Hettner a fonte da presença tão forte e tão generalizada do excepcionalismo que domina a geografia dos Estados Unidos. É Hettner quem, após Humboldt, diz Schaefer, busca formular a Geografia numa analogia com a História, referendando o paralelo traçado por Kant. Mas neste repisamento, além de reiterar o excepcionalismo, leva a Geografia a incorporar um conteúdo historicista, o que é ainda mais grave, aprisionando-a num método genético. Tudo isso em nome de um caráter metodológico único que a Geografia teria em comum com a História.

Há o pressuposto de que, se não podemos negar que nunca há um fenômeno completamente igual a outro, mesmo que de mesmo gênero, isso não invalida a existência de uma lei que se aplique a ambos. Todavia, há nesse próprio pressuposto um fato não observado pelo hettneriano Hartshorne. Basta que os fenômenos tenham em comum um certo elenco de variáveis, para que se vejam neles um padrão comum e a incidência de lei científica que a este padrão corresponde, tornando esses fenômenos conhecíveis e previsíveis em seus movimentos, a exemplo de uma estrutura padrão por trás de uma forma determinada de distribuição dos fenômenos no espaço. E esse raciocínio vale para os fenômenos físicos e para os fenômenos humanos, a diferença vindo do fato de que o elenco de variáveis comuns que vamos encontrar é maior para os primeiros que para os segundos, variando com isso o sentido da lei em sua referência na consideração das variáveis relevantes. Talvez por isso, e ao contrário da leitura de Hartshorne, o próprio Hettner adote de um lado o idiografismo, o discurso do único, para falar de alguns fenômenos, e de outro o nomotetismo, o discurso das leis, para falar de outros, ou mesmo para falar idiograficamente de um mesmo fenômeno quando em certas circunstâncias e nomoteticamente quando em outras, considerando sempre os fenômenos em seu estado relativo.

Schaefer, todavia, não visa atingir propriamente Hartshorne, mas a geografia norte-americana como um todo, abordando em tom condenatório o hettnerianismo de Hartshorne em face da proeminência da presença deste no momento dos anos 1940-1950, mas no afã de propor empurrar a geografia norte-americana a outro rumo.

Cinco são as fases da evolução da geografia norte-americana, rica e densa, a considerarmos o ano de seu nascimento e do texto em que a submete a rígida crítica Schaefer.

A fase inaugural data dos finais do século XIX, quando a geografia norte-americana nasce das mãos dos geólogos. A estes se incumbia, através se órgãos estatais de geologia e geografia, a tarefa da realização do levantamento e relatório dos quadros fisiográficos do território dos Estados Unidos para os fins de exploração e ocupação, tão logo terminada a guerra civil da secessão em 1864-1865. E desses estudos sai o tipo de Geografia que então se funda, por isso mesmo chamada de fisiografia (só mais tarde passando a designar-se geografia física) por bom tempo. Para esse fim são particularmente importantes o *Geographical and Geological Survey of the Rocky Mountain Region*, de 1875, de J. W. Powel (1834-1902), e *The Geology of the Henri Mountain*, de 1877, de G. K. Gilbert (1843-1918), dois relatórios que descrevem com amplos detalhes as paisagens norte-americanas. Em 1879 todos esses levantamentos são reunidos e sistematizados nas publicações da Investigação Geológica dos Estados Unidos, órgão governamental. É desse nicho que sai William Morris Davis (1850-1934), astrônomo que vai trabalhar como geólogo, professor da Universidade de Harvard, que, inspirado em pesquisas dos montes Apalaches, localizados a leste dos Estados Unidos, formula uma teoria do modelado do relevo de base genética e evolucionista, a teoria do ciclo geomorfológico, que resume no texto "Geographical Cycle", publicado no periódico *Geographical Journal*, de 1899, que vai ser o marco fundador da geografia norte-americana. Davis, porém, beneficia-se da sistematização mais ampla dos fenômenos geográficos feita anteriormente por A. H. Guyot (1807-1884), um geógrafo de origem suíça, imigrado para os Estados Unidos nesse período para trabalhar na Universidade de Princeton, no livro *Physical Geography*, de 1873, de onde vai partir. A Davis e Guyot logo vão se juntar geógrafos de formação, em particular Ellen Churchil Semple (1863-1932), aluna de Ratzel e que, da forma mais simplista e adulterada, traz suas teses para os Estados Unidos em livros como *Influences of Geographic Environment on the Basis of Ratzel's System of Anthropogeography*, de

1911, e Ellsworth Huntington (1876-1946), que faz a mesma divulgação em seu livro *Civilization and Climate*, de 1915, fundando nesse formato de ambientalismo, um naturalismo de cunho mecanicista, os rumos iniciais da geografia norte-americana.

Uma segunda fase vem com os trabalhos de Carl Ortwin Sauer (1889-1975), então professor da Universidade de Michigan, em Ann Arbor, que em texto de 1925, "A morfologia da paisagem" ("The morphology of landscape"), ainda de forte impregnação ambientalista, faz a passagem da geografia norte-americana para uma teoria centrada no estudo das paisagens. Sauer nasceu em Warrenton, Wisconsin, no Meio-Oeste, uma área de colonização alemã, filho de imigrantes, crescendo no ambiente de cultura alemã fortemente inspirada no ideário do Romantismo, em particular Goethe e sua visão do papel da arte na constituição da sociedade e da história, de onde tira o conceito de morfologia – Goethe entende a forma como o mais importante elemento orgânico e de compreensão do mundo – que orientará toda a sua obra (Corrêa, 1997 e 2001). Sofre influência também de Herder e seu historicismo, e de Dilthey e sua reação antipositivista, apoiada nas noções de diversidade e mudança. No caso do historicismo, nele influem também Alfred Kroeber e Robert Lowie, antropólogos, e Robert Bolton, historiador. Por conta dessa formação historicista, Sauer é levado a rejeitar o ambientalismo dominante na geografia norte-americana ainda no período em que inicia sua trajetória intelectual de geógrafo. E por conta de sua origem a unir na geografia norte-americana as teorias de geografia francesa e alemã, a exemplo de como Talcot Parsons fará para com a sociologia norte-americana, unindo as influências de Durkheim e Weber. Sob este amálgama, Sauer rompe com o discurso fisiográfico e determinista da formação originária da geografia norte-americana, estabelecendo-lhe por tarefa analisar o meio em sua relação com o homem e segundo as formas de ação deste, recriando a noção do ambientalismo no sentido da compreensão do meio ambiente como uma relação em que o comando corre por conta do modo como o homem, por meio de seus hábitos, costumes e habilidades, na linha do conceito de gênero de vida de Vidal de La Blache, converte a relação ambiental em um *habitat* humano. Todavia, essa concepção de ambientalismo implica uma mudança no conceito de natureza, que Sauer compreende como um processo combinado de elementos físicos e bióticos, que os homens veem como fonte de recursos e de vida e que modelam ambientalmente nesta perspectiva, segundo as características de sua cultura. Há, entretanto, diferentes fases na evolução do pensamento geográfico de Sauer, estampadas na própria ordem sequencial com que vão surgindo suas obras: "The morphology of landscape", de 1925, marca seu rompimento com o ambientalismo, no interior do qual se forma; "Desenvolvimentos recentes em geografia cultural" ("Recent developments in cultural geography"), de 1927, e *Geografia cultural* ("Cultural geography"), de 1931, expressam o momento em que de novo rompe, desta vez consigo mesmo, criando o formato de geografia cultural que irá caracterizá-lo como geógrafo intelectualmente formado e maduro, definindo o formato norte-americano dessa corrente vinda seminalmente de Ritter, com passagem por Vidal; "Introdução à geografia histórica" ("Foreword to historical geography"), de 1941, é um aprofundamento na geografia cultural, enraizando-a na perspectiva de uma geografia histórica, também herdada dos clássicos fundadores, mas cunhada com sua própria forma de entendimento; "A educação de um geógrafo" ("The education of a geographer"), de 1956, por fim, é obra de divulgação, onde reafirma e didatiza suas ideias.

Esses cinco trabalhos são o que poderíamos conceber como seus textos canônicos. Ao longo deles, Sauer vai se liberando de suas origens no ambientalismo norte-americano e criando suas próprias referências, crescendo e evoluindo na direção do que vai conceber como sua forma de compreender e fazer Geografia, indo da corologia à sua concepção da cultura em Geografia. Mas, sobretudo, é através delas que dialoga, nessa mesma sequência, com a própria evolução do pensamento geográfico norte-americano, suas teorias e teóricos, cuja base na fisiografia e no ambientalismo estreito desde os anos 1915 a 1920 vem sendo combatida, numa crítica que culmina com a publicação de *Geography as human ecology*, de Harlan H. Barrows (1877-1960), em 1923, logo seguida de *A morfologia da paisagem*, de Sauer, em 1925.

A morfologia culmina, assim, a ruptura pessoal e da geografia norte-americana com a fase determinista. Mas marca igualmente o começo do deslocamento do próprio Sauer a novos rumos. No mesmo ano de publicação desse texto, Sauer se transfere do Meio-Oeste para a Universidade da Califórnia, em Berkeley, onde em simultâneo passa a se dedicar a criar sua versão de geografia cultural, aí trabalhando até a morte, em 1957. É em *A morfologia* que Sauer se incorpora à visão corológica e de diferenciação de áreas da geografia hettneriana, aderindo à corrente da geografia da paisagem em franco desenvolvimento no âmbito da geografia alemã. Sauer vê a paisagem como uma combinação de formas físicas e culturais de uma área, associando formas e área num sentido conceitual de região (Sauer, 1998). E toma por base o método morfológico, um método indutivo introduzido na Geografia por Humboldt e Ritter, porém visto por Sauer com o significado de um processo de reconstituição das mudanças morfológicas, aqui já sob esse método que combina geografia sistemática, geografia cultural, geografia histórica e geografia regional, tudo numa perspectiva morfológica da paisagem segundo suas diferentes áreas de espaço, numa abordagem neokantiana encharcada do romantismo estético e filosófico de seu mestre Goethe. *Desenvolvimentos recentes em geografia cultural*, ainda uma forma de designar geografia humana nos Estados Unidos e na própria formulação de Sauer, indica a entrada numa nova fase (Sauer, 2000a). Estamos em 1927, já em Berkeley, e esse texto é o produto da sua relação com a Antropologia de Kroeber, além de Lowie, e da Historiografia de Bolton, mas também com a *Anthropogeographie*, de Ratzel, e dos estudos de Eduard Hahn sobre a cultura das plantas e a domesticação dos animais e os de Vavilov sobre as áreas originárias e migrações mundo afora das culturas agrícolas que formaram os padrões-chave de vida dos povos na história, tema que na França tomara já a atenção de Vidal de La Blache e ao qual neste justo momento está se dedicando também Max Sorre, e já estivera na gênese da geografia cultural desde Ritter, mas posteriormente esquecido, em face do surgimento das geografias sistemáticas setoriais, da geografia regional de Vidal e da geografia da diferenciação de áreas de Hettner, cuja evolução leva justamente Sauer a fazer seu balanço assimilativo agora. Sauer informa sobre o desdobramento dessa assimilação e forma de incorporação em *Geografia cultural*, de 1931, mas, sobretudo, na *Introdução à geografia histórica*, de dez anos depois, quando, buscando esclarecer seu conceito de geografia cultural e sua íntima relação com a geografia histórica, proclama a autonomia da geografia cultural e, igualmente, da geografia histórica, mas mantém ambas associadas à geografia regional – seu tema são as regiões culturais – e à geografia física, ao entender a cultura geograficamente como um fenômeno próprio a cada contexto de povo e lugar. Assim, cada cultura reúne em cada lugar um quadro diversificado de hábitos que cada povo produz, extrai e desenvolve a partir de suas experiências ambientais, interligados, pois, às condições naturais locais e que serão veiculados pela geografia cultural, que os exprime e se exprime como a base de um modo de vida (Sauer, 2000b e 1891). Pode-se ver a influência do conceito de gênero de vida de Vidal de La Blache por trás dessas associações e concepções.

Uma terceira fase vai se formar justamente com a obra de Richard Hartshorne (1899-1992). Tal como Sauer, que, oriundo da primeira fase rompe com ela e a reorganiza com base em novos parâmetros, Hartshorne vai significar uma nova fase de ruptura. Ele é originário da segunda fase, introduzida por Barrows e Sauer, e, como estes, é também compartilhante da geografia regional, que forma a essência discursiva dessa segunda fase. E será com essa base regional que irá romper, via uma maior difusão do discurso hettneriano da diferenciação de áreas no âmbito da geografia norte-americana. É com Sauer que Hettner chega à geografia norte-americana. Porém, mais interessado na geografia cultural e suas formas de expressão regional, não o toma por base de suas ideias, só o tendo por referência quando de seus mapeamentos das regiões culturais. É Hartshorne quem vai organizar a geografia norte-americana em bases hettnerianas. E por isso merecerá a atenção crítica prioritária de Schaefer.

É através da forte influência que *The nature of Geography: a critical survey of current thought in the light of the past*, de 1939, exerce sobre seus contemporâneos que Hartshorne leva a geografia norte-americana a referenciar a teoria geográfica de Hettner. O impacto desse livro se deve à profundidade da análise e de informações que oferece acerca da geografia alemã aos geógrafos norte-americanos, já conhecedores dela graças a Sauer, mas de modo sumário. Ao mostrar as ligações da própria Geografia com os trabalhos filosóficos de Kant, impressionando-os por saber de uma *Geografia física*, de autoria do próprio Kant, de 1802, Hartshorne mostra a presença epistemológica da filosofia alemã oitocentista no pensamento geográfico, via Ritter e Humboldt, e traz essa relação ao Romantismo do século XIX e à filosofia neokantiana do começo do século XX, na qual Hettner deita suas raízes, surpreendendo seus pares. Surpreende-os, também, pelo modo como tudo isso aconteceu.

Beneficiado por uma bolsa de pesquisa concedida pela Universidade de Minnesota para realizar estudos de problemas de fronteira política numa Europa convulsionada pelos sinais de uma nova grande guerra, Hartshorne desloca-se em 1938 para o continente europeu. Lá encontra, todavia, uma Europa fechada justamente ao trânsito transfronteiriço e se vê obrigado a deslocar seu tema de estudos para algo mais plausível, detendo-se na leitura e análise crítica da literatura geográfica francesa e germânica, com o fim de mapear seus distanciamentos e pontos de encontro. É quando descobre Hettner.

Alfred Hettner (1859-1941) é um dos recriadores da Geografia. Vindo da Geologia, mergulha nos clássicos de Humboldt e Ritter, descobrindo seus vínculos com Kant e o historicismo de Herder. Neokantiano, Hettner extrai dessa descoberta os elementos com os quais vai construir as bases de sua teoria, embora centrando-a no campo da geografia física, num empreendimento de retorno a Ritter (assim como seus contemporâneos fazem em relação a Kant). De Ritter retira a noção da superfície terrestre como campo de estudo da Geografia; da corologia, a forma de enfoque; e da comparação, o método estrutural e genético, criando como forma própria uma teoria referenciada no estudo da diferenciação de áreas, o objeto e propósito que Sauer já tomara parcialmente para si e que Hartshorne agora referenda como base para o pensamento geográfico norte-americano na integralidade do seu todo.

A rigor, Hartshorne está dando continuidade e intensificação a uma sequência de transformações que vêm ocorrendo na geografia norte-americana desde Barrows e Sauer, ganhando a partir dos anos 1920 um caráter mais plural através do que Pattison designa como as quatro tradições: a de relação homem-terra, a de estudo de área, a espacial e a de ciência da terra (Pattison, 1976; e Taaffe, 1975).

A tradição da relação homem-terra é a que vem dos fundadores, desdobrada em duas direções. A primeira deve-se a Barrows, com seu texto de 1923, no qual o determinismo é substituído pelo viés da ecologia, com clara influência da sociologia da escola de Chicago (Barrows é professor da Universidade de Chicago) – que por isso mesmo se torna conhecida como a escola de geografia de Chicago –, e no qual a noção ambientalista de controle ou influência do meio sobre o homem é substituída pela mais liberada de relacionamento, fazendo com que o ambientalismo acabe por se deslocar filosoficamente do determinismo para a relação contrária do livre-arbítrio. A segunda direção deve-se a Sauer, com seu texto de 1925, no qual a relação homem-terra é marcada pela presença mediadora, seletiva e orientadora da cultura, relação esta entendida no sentido conceitual da contingência vidaliana e no operacional da transformação da paisagem natural em paisagem cultural, resultando assim numa geografia genético-morfológica da paisagem. E é sob essa dupla direção que essa tradição, herdeira da primeira fase da história do pensamento geográfico norte-americano, chega aos anos 1950 e vai para além.

A tradição do estudo de área vem do vínculo direto da geografia norte-americana com o pensamento hettneriano. Introduzida ainda na fase do primeiro período, na linha da direção que lhe é impressa por Sauer, e integralizada pelo livro de Hartshorne de 1939, toma a forma de um novo campo de pensamento na geografia norte-americana, formando a tradição que será hegemônica até os anos 1950, sendo por isso o objeto de crítica mais centrado de Schaefer. Embora vinda longinquamente de Sauer, essa tradição todavia o antecede, já estando presente na geografia norte-americana através do texto "The circumference of Geography", de Nevin M. Fenneman, de 1919, além dos trabalhos de Preston James e Robert Platt, estes situados entre *A morfologia*, de Sauer, e *A natureza da Geografia*, de Hartshorne, que lhe reforçam a identidade inicial de um campo teórico de estudo da região e um caráter de uma geografia regional conferida pelo texto de Fenneman, de certo modo nunca abandonados completamente por Sauer, e que só será rompido com a obra de Hartshorne, identificando esta tradição com o conceito areal, de Hettner, a forma mais abstrata com que os recortes de espaço passam a ser compreendidos a partir dos anos 1940 nos Estados Unidos.

A tradição espacial, a mais mista das quatro, se confunde inicialmente com a de estudo de área, dando a sensação de ser o nicho mais propriamente histórico e originário da geografia regional nos Estados Unidos. Talvez mais pela presença simultânea de parte de Robert Platt, tanto nela quanto na linha da tradição de estudo de área, com o seu *Ellison Bay*, de 1928, um estudo tipicamente regional, em que se afirma o valor da região funcional como conceito e categoria de análises-chave da Geografia. E, ainda, em face do relatório apresentado por Derwent Whitlesey, *The regional concept and the regional method*, de 1954, em que a perspectiva regional é apontada como o formato de geografia mais difundido entre os geógrafos norte-americanos, em diferentes referências de áreas de trabalho. A partir, entretanto, dos anos 1950, coincidindo com a publicação do texto e da crítica de Schaefer – um texto póstumo, porquanto Schaefer falece no mesmo ano do seu lançamento –, esta tradição abandona e se demarca do espírito regional para orientar-se pelas teorias locacionais, análise espacial e análise locacional, doravante tornando-se sinônimos.

Por fim, a tradição de ciência da terra é certamente a que mais parece atravessar o tempo. Decorrência direta da fisiografia, designação não por acaso dada à geografia criada nos Estados Unidos em seu casamento com os estudos e relatórios de Geologia nos seus inícios, mantém essa marca e atualiza-se no sentido da geografia física, consolidando-se como um campo de estudos que ora dialoga com a Geologia, ora com a Geografia.

É contra todo esse quadro que no fundo Schaefer se levanta, questionando seu estatuto de cientificidade, para perfilar-se, por fim, com a perspectiva nomotética dos estudos locacionais, abjurando o fundo, em sua avaliação idiográfico, de todas as outras tradições e tendências.

Hartshorne, sabemo-lo, responde a Schaefer, aproveitando para estender a seus demais críticos, com *Propósitos e natureza da Geografia* (*Perspectives on the nature of geography*), de 1959. Todavia, Schaefer falecera em 1953, e a geografia norte-americana entrara já na fase teorético-quantitativa que dominaria todo o cenário dos anos 1950 aos 1970, sem que crítica e réplica dessem seus frutos na extensão que se pretendia.

A principal crítica de Schaefer refere-se ao problema de aporte de teoria e de método, responsável por uma carência de caráter científico que deixa a geografia norte-americana anêmica e sem poder de ação contundente e mais forte. Falta-lhe, sobretudo, diz Schaefer, o aporte da matemática, que possibilite a descoberta das leis que regem a formação dos padrões de distribuição dos fenômenos no espaço. E falta-lhe porque impedida pelo excepcionalismo. E pelo historicismo, que lhe está na origem. Em sua resposta a Schaefer, após mostrar o sentido e significado do conceito de diferenciação de áreas de Hettner, Hartshorne, colocando em dúvida uma real compreensão das categorias e do pensamento de Hettner por Schaefer, põe os termos da comparação dos conceitos de variável, chave para a compreensão da lei espacial para Schaefer, e de variação, chave para a compreensão do conceito de diferenciação e de lei espacial para Hettner.

A variação é um termo que em Hettner se refere tanto à relação, pressuposto de toda lei científica, quanto ao movimento de diferenciação de um fenômeno na superfície terrestre em sua correlação com um ou outro fenômeno, a exemplo do clima e a vegetação ou o solo. A relação e o movimento de diferenciação referir-se-iam, assim, ao processo de distribuição espacial dos fenômenos, segundo padrões definidos, como requeria Schaefer, donde o sentido, ou significado, e o seu caráter seriam, a um só tempo, geral-sistemático e regional – ou areal, para usar a expressão hettneriana adequada. Hartshorne, por tabela, desfaz também aqui o apodo de excepcionalismo aplicado por Schaefer ao conceito de área de Hettner, que Schaefer confunde com região, pondo num mesmo embrulho geografia regional e método regional enquanto discursos de Hettner.

Do mesmo modo, Hartshorne responde com o critério e o conceito de significância à crítica de Schaefer de o excepcionalismo hettneriano perder-se num cipoal de fenômenos, reunidos sem um critério explicativo de conexão e, por isso, caindo numa taxonomia e num descritivismo que seriam mais próprios do discurso científico já ultrapassado, abandonado pelas demais ciências em sua evolução, à exceção única da Geografia, entre outras fontes por culpa de Hettner com seu excepcionalismo historicista. A significância remete em Hettner, diz Hartshorne, ao típico, o presente em comum nos fenômenos, formando um núcleo geral e distinto dos demais atributos por esses fenômenos não terem essa característica de copresença, permitindo ao geógrafo converter o heterogêneo num homogêneo, o disperso num padrão espacial de comportamento, o múltiplo no uno, sem eliminar sua diferença e diversidade estrutural. Também aqui Hartshorne aproveita a resposta referida a um tema e a um crítico para arrolar respostas a um leque maior de críticos e temas, e para também aqui, de novo, explicitar o desconhecimento de Hettner por Schaefer. E toma do exemplo da condenação do historicismo por este para chamar o leitor à evidência de Schaefer evitar, num desvio do sentido do termo, o tema real da temporalidade da história, que impregna em suas múltiplas escalas a forma e o conteúdo da realidade, explicando em grande parte o caráter diferenciado em áreas do espaço da superfície terrestre.

A geografia francesa e os embates da sociologia e da geografia aplicada

A década de 1950 marca um ponto de inflexão também no pensamento geográfico francês. Três momentos balizam aqui sua trajetória: a polêmica com a sociologia dos anos 1920, a fragmentação do discurso unitário nos setores da geografia humana sistemática dos anos 1930-1940 e o debate da geografia aplicada dos anos 1940-1950.

Entre 1902 e 1905, no momento em que a formulação de Vidal de La Blache atinge seu ponto de maturidade e, sob esta forma, a Geografia ganha grande expressão no meio acadêmico e intelectual francês, a sociologia francesa, por intermédio do seu criador, Émile Durkheim (1858-1917), envolve-a numa enorme polêmica em torno do seu campo de atribuição acadêmica (Lacoste, 1988; Chartier, 2002; e Dosse, 2004). O alvo formal é Ratzel. Em um texto publicado no *Année Sociologique*, de 1898-1899, Durkheim traça pesadas críticas aos dois volumes da *Anthropogeographie* de Ratzel, publicados em 1882 e 1891, respectivamente, questionando sua validade científica e pertinência como campo acadêmico. A crítica do mestre é seguida da de seus discípulos F. Simiand, M. Mauss e M. Halbwachs, contrapondo ao discurso antropogeográfico de Ratzel o da morfologia social, dirigindo, ao mesmo tempo, suas baterias contra a geografia vidaliana.

É, entretanto, um historiador, Lucien Febvre (1876-1956), não os geógrafos, quem sai em defesa da Geografia. E sob uma forma peculiar: a favor dos geógrafos e da geografia vidaliana dentro da França e a favor dos sociólogos e seu combate à antropogeografia de Ratzel fora da França. Para isso, Febvre escreve um livro, *A terra e a evolução humana: introdução geográfica à História* (*La terre et l'évolution humaine: introduction géographique à l'histoire*), só publicado em 1922, por conta dos problemas do período de guerra.

Como o subtítulo mesmo esclarece, *A terra* é uma introdução geográfica à História. Nele, Febvre traça todo um quadro de reflexão teórica sobre a Geografia e as relações do espaço geográfico com a trajetória da sociedade humana no tempo, externando a sua posição, suposta de Vidal, de que fora aluno, sobre os princípios e fundamentos das determinações geográficas sobre os modos de vida e existência humanos nas diferentes áreas da superfície terrestre no tempo e no espaço. Após uma primeira parte dedicada a fazer uma longa reconstituição da polêmica da morfologia social com a geografia de Ratzel e de Vidal, no passo da qual apresenta o que entende por Geografia, seus fundamentos teóricos e sobre seu método, Febvre passa a analisar a temática das relações do homem com o meio, essência epistêmica mesma, segundo ele, do olhar geográfico sobre os homens e suas sociedades na história, dando ênfase ao papel dos gêneros de vida como o formato estrutural mais conciso com que essas relações se concretizam. É o gênero de vida, conceito de Vidal, que Febvre toma por apoio e define como os diferentes modos de vida advindos das diferentes formas de atividade (caça, pesca, pastoreio e cultivos) que entrelaçam a existência dos homens ao seu meio (áreas montanhosas, de planícies, de planaltos e insulares) e os torna um povo de caçadores, pescadores, pastores e cultivadores nômades e sedentários. Febvre chama, então, a atenção para o papel e os problemas da relação das fronteiras e dos Estados com as regiões naturais, da circulação na configuração dos seus espaços e da cidade na montagem do seu ordenamento. E demarca dentro da análise desses temas a posição respectiva de Vidal e de Ratzel, designando de possibilista a de Vidal e de determinista a de Ratzel, numa forma de classificar e diferenciar a geografia de Vidal e Ratzel, que a partir daí ganha foro de verdade até entre os geógrafos. Seu propósito é, com essa interpretação, reafirmar a presença e a legitimidade da geografia de Vidal, retirando-a debaixo da crítica dos sociólogos, ao tempo que corrobora a denúncia destes às fragilidades e incoerências da geografia de Ratzel. Preocupado em deixar claro esse propósito, Febvre alerta insistentemente para um isolamento da perspectiva determinista de Ratzel dentro da própria Alemanha, observando que os geógrafos alemães mais proeminentes não seguem suas ideias, citando H. Wagner e A. Penck como ilustres exemplos.

Tendo sido aluno de Vidal em vários de seus cursos, Febvre busca mostrar-se profundo conhecedor das teorias e categorias analíticas do seu mestre. É assim com a relação homem-meio como eixo discursivo da geografia de Vidal, não por acaso também de Ratzel – de resto, uma abordagem comum da época, como vemos na própria França com Reclus –, que Febvre, entretanto, desconsidera. E assim também com o gênero de vida enquanto conceito estruturante e analítico das civilizações por excelência de Vidal, mostrando como esse conceito – que Vidal vê como o amálgama dos hábitos de existência contraídos em dado meio e sistematizados dentro deste como a forma de relação pela qual os homens interagem e se integram como um todo orgânico entre si e os elementos naturais –, funde terra e homem, que Febvre vê como dois polos complexos distintos, porém casados, num único meio, chamado geográfico por Vidal. Plano da ação onde o homem interage com a diversidade dos quadros naturais dos lugares, o polo terra aparece em cada meio geográfico para Febvre como o agregado de elementos que a história natural oferece ao homem como possibilidade de construção da sua própria história. Assim, antes de uma taxonomia, as áreas de montanhas, de planaltos, de planície, de depressões e insulares são pontos de apoio da ação humana, conjuntos de possibilidades dentro e em face dos quais os homens se fazem caçadores, pescadores, pastores e cultivadores nômades ou sedentários em sua evolução do estágio do gênero de vida para as formas societárias mais adiantadas, quando, em presença da ação organizativa do Estado, da relação integrativa da circulação das estradas e do papel de articulação da cidade, reformulam-se e transformam-se nas formas de sociedade atuais. Daí que Febvre não veja a procedência da crítica de superposição de atribuições e de olhares da Geografia e da morfologia social feita pelos sociólogos, antes vendo na teoria que expõe de Vidal de La Blache a base e a episteme de uma ciência individualizada, autônoma e legalmente constituída, Geografia e Sociologia distinguindo-se respectivamente por campos legítimos e distintos.

No vão dessa defesa em que se autodefine como uma espécie de árbitro, Febvre busca mostrar o que é da Geografia e o que é da Sociologia, bem como os elos de fronteira da Geografia com o campo da História. É assim que, em um longo capítulo histórico, primeiramente vai reconstituir a evolução das teorias de relação do homem e da natureza, alinhando-as desde as formulações mais antigas até as mais recentes de Vidal e de Ratzel, aqui e ali repisando o caráter possibilista de um e determinista de outro. Assim, indo de Hipócrates, na Antiguidade, a Bodin e Montesquieu, na fase de formação da Modernidade, e após comparar Vidal a Michelet e Taine em tons de crítica, Febvre mostra a semelhança das ideias de Vidal com as de Buffon, dado o papel de ator com que este vê o homem em sua relação com a natureza, e culmina o rastreio no contraponto da geografia de Vidal e da antropogeografia de Ratzel, reiterando os acertos daquele e os equívocos deste. Feito isso, pode ele agora proceder à comparação dos três campos acadêmicos. Cabe, antes, responder à crítica central dos sociólogos. A acusação é a falta de uma base científica consistente no discurso da relação do homem e do meio da Geografia, seja em Vidal, seja em Ratzel. No intuito de investigar as formas de relação do homem em sociedade com o meio natural e o solo, a Geografia, acusam os sociólogos, transborda seu limite e avança analiticamente para a totalidade mais ampla das relações, entrando numa esfera para a qual não está habilitada e não lhe compete. A referência da crítica é o conjunto de estudos regionais empreendidos pelos discípulos de primeira geração de Vidal de La Blache no período entre 1905 e 1909 – *La Picardie et les régions voisine*, de Albert Demangeon, de 1905; *La Flandre: étude géographique de la pleine flamande em France, Belgique et Hollande*, de Raoul Blanchard, de 1906; *La Bretagne: étude de géographie humaine*, de Camille Vallaux, de 1907; *La Berry: contribution à l'étude geographique d'une région française*, de Antoine Vacher, de 1908; e *Les paysans de la Normandie orientale: Pays de Caux, Bray, Vexien Normand, Vallé de la Seine*, de Jules Sion, de 1909 –, por sinal os primeiros trabalhos monográficos realizados na perspectiva vidaliana, argumentando sobre a impossibilidade de compreender-se a realidade regional num enfoque internalista, isto é, a região vista por si mesma e para si mesma, dissociada de uma perspectiva teórica geral e mais ampla que lhe empreste elementos de explicação e sentido, longe, pois, da condição da descoberta da lei científica que a rege enquanto fenômeno, contrariamente à perspectiva de que se vale a morfologia social, questionando o valor científico de tal pesquisa e indagando-se sobre se existe e é possível existir mesmo uma geografia humana.

Febvre acusa os críticos de cobrarem da Geografia uma prática e um formato de ciência que é um ideal deles próprios, não da própria Geografia e dos geógrafos, oferecendo em resposta o exame de uma pletora de exemplos de formas de relação entre o homem e o meio em sociedades reais, onde o geográfico e o sociológico igualmente se apresentam e se demarcam de maneiras diferentes na história. O exemplo que toma são as formas de comunidade primitiva nas quais a relação com o solo é referenciada em uma e outra, numa com o território, designada comunidade territorial, e noutra com o totem, designada comunidade totêmica, a primeira orientada pelos marcos do solo e a segunda pelos das regras simbólicas, declarando o primeiro caso campo dos geógrafos e o segundo dos sociólogos, indicando onde cabe o pleito da morfologia social e onde cabe o da geografia, acrescentando que uma e outra se distinguem pela categoria de referência do foco, o solo para uma e o social para outra, e pela base de concepção teórica e do método, o princípio territorial para uma e o princípio totêmico para a outra. Vários outros exemplos então vão sendo perfilados, todos com o intuito de mostrar e chegar ao mesmo resultado: a sociedade humana é tema do sociólogo e o solo (entendido no sentido plural de clima, produções e condições de existência dos lugares sobre o qual vivem os homens) é tema do geógrafo; o Estado é tema do sociólogo e o solo (em que este se assenta) é do geógrafo; as regras de organização sociopolítica são tema do sociólogo e as regras relacionadas com o uso do solo são do geógrafo. Assim, se legitima o que é da Sociologia e o que é da Geografia, assevera Febvre, que com essa argumentação não só covalida como defende como científica a Geografia e os estudos regionais condenados pelos sociólogos. Tomando outros casos, exemplifica como obras de valor científico – embora lamentando o vezo ratzeliano – *La mer*, de 1908, e *Le sol e L'état*, de 1911, ambas de Camille Vallaux, e apresenta como sua arma de defesa *As características próprias da Geografia (Des caractéres distinctifs de la géographie)*, texto de 1913 em que Vidal declara ser a Geografia "a ciência dos lugares, e não a ciência dos homens", acrescentando que "a Geografia, inspirando-se, tal como as ciências vizinhas, na ideia da unidade terrestre, tem por missão especial investigar como é que as leis físicas e biológicas que regem o mundo se combinam e se modificam ao aplicarem-se às diversas partes da superfície do globo. Ela tem por tarefa especial estudar as expressões mutáveis que a fisionomia da Terra toma, conforme os lugares", que Febvre toma como uma declaração cabal de acerto de campos de interesse.

Clareado o âmbito das interações da Geografia com a Sociologia, pode agora Febvre clarear o das interações com a História. Assim, se o social e o político referenciam a demarcação da Geografia com o campo de ação da Sociologia – quando o foco é o social e o político, propriamente o campo é da Sociologia, e quando é o solo, o campo é da Geografia –, o mesmo se apresenta para com a História: quando o foco é o tempo, o campo é da História, e quando é o solo, o campo é da Geografia.

Não é difícil ver nessa ideação a determinação do trajeto que vemos a Geografia seguir desde então. Febvre interpreta a Geografia como um discurso do natural, do fixo e do imutável. A Geografia centra seu olhar no que é o permanente na paisagem. A escala do espaço, não do tempo, é o seu foco e enfoque. Assim, a estrada, a cidade, as formas de organização do espaço enquanto repartição e uso do solo são temas da

Geografia. As relações sociais e políticas que formam seu conteúdo são temas da Sociologia. A sucessão temporal que determina sua evolução e desenvolvimento é tema da História. Assim como a explicação do caráter social e do político que se sobrepõem ao solo deve ser buscada na Sociologia, a explicação das causas da evolução estrutural deve ser buscada na História. O social é tema da Sociologia, o tempo é da História e o solo é da Geografia, em resumo.

Silenciosos diante da crítica condenatória dos sociólogos, os geógrafos surpreendentemente se declaram indignados com os juízos de valor de Febvre. Polemizam com ele e recusam suas ilações. Vallaux manifesta declarada discordância. Albert Demangeon, o mais público e explícito, vê neles concepções e propósitos pouco claros. Mas quando no mesmo ano de 1922 vêm a público as edições de *A terra e a evolução humana*, de Febvre, e *Princípios de geografia humana*, de Vidal, mesmo Vallaux e Demangeon tomam como referência de seus fundamentos não a obra normativa do mestre, mas a de Febvre. E como arrazoado ontológico do fenômeno geográfico e base epistemológica da ciência geográfica, o discurso do possibilismo e determinismo, não o gênero de vida. Daí para diante, ora com o nome de paisagem, ora de espaço, é o solo que as gerações de geógrafos tomam como parâmetro de demarcação de terreno de atribuição científica e acadêmica da Geografia perante as demais ciências, só de longe consorciando o estudo do homem em sua relação com o meio, o social, o político e o temporal.

Um efeito dessa referenciação na epistemologia historiográfica de *A Terra*, não na geográfica de *Princípios*, em Febvre, não em Vidal, dá-se de imediato. A partir dos anos 1920, observa Dosse, aumentam entre os historiadores e diminuem entre os geógrafos as pesquisas dos temas que a eles foram dadas como cabidas (Cardoso, 1979; Bourdieu, 1989; Chartier, 2002; Dosse, 2004). Torna-se habitual uma associação de realização de trabalhos sobre temas desse campo entre geógrafos e historiadores, vistos sob a ótica historiográfica, ou geográfica formulada em termos historiográficos, cujo exemplo emblemático é *Le Rhin*, livro de 1931, reeditado em 1935 com o título sintomático de *Le Rhin: problèmes d'histoire et d'economie*, em função dos quais nascem e se desenvolvem escolas e correntes setoriais siamesas de História e Geografia. Paulatinamente, então, os temas vidalianos vão se transferindo do âmbito da Geografia para o da História. Nos anos 1930 isso se dá com os temas rurais, dos quais deriva a formação da história agrária, numa relação paralela com os estudos de geografia agrária, ambas nascendo da forte influência da publicação de *Caracteres originaux de l'histoire rurale française*, livro de 1931, do historiador Marc Bloch (1886-1944), criador junto a Febvre da historiografia da Escola dos Annales. Indo da morfologia à estrutura das relações agrárias, Bloch analisa nesse livro a formação e evolução da paisagem rural francesa, determinando um rumo historiográfico à descrição das paisagens em suas relações mais manifestas com as efusões naturais, como as paisagens dos cultivos, dos hábitos rurais de vestuário e das habitações. Nos anos 1940, com o tema do espaço incorporado à história ao lado do tempo, de que deriva a geo-história, cujo exemplo maior é *Méditerranée et le monde méditerranéen a l'époque de Philippe II*, de Fernand Braudel, obra de 1946, escrita, por sinal, sob a orientação de Febvre e sob forte influência da leitura de *A terra e a evolução humana*. Nos anos de 1940 aos de 1960, com o tema da região mais amplamente, campo onde mais avança a produção dos historiadores, de que os exemplos são inúmeros. Ao lado do tema da região, vem também o da natureza, esta aos poucos descolada dos estudos regionais para aparecer como fenômeno emanado da geografia física deslocado para o campo da História, numa história da natureza a caminho de uma história ambiental, cujo exemplo mais típico é *Histoire du climat depuis l'an 1000*, de 1967, de autoria de Le Roy Ladurie, com o qual este campo historiográfico se desdobra numa teoria da história imóvel, num arremedo da permanência vidaliana referida ao espaço das paisagens naturais ou humanamente transformadas, desdobrada numa história sem os homens, cujo texto base é *L'histoire sans les hommes: le climat, nouveau domaine de Clio*, de 1973. E, por fim, culmina nos anos 1970 com a incorporação da escala espacial, sobretudo com Bernard Lepetit, numa teorização exposta no texto *De l'échelle en histoire*, e que Lepetit aplica na obra *Les villes dans da France moderne (1740-1840)*, de 1996.

A pulverização da Geografia ganha forma sobretudo nesse momento. Junto e paralelamente a esta relação simbiótica com a Escola dos Annalles, a escola de Vidal nasce com uma perna em *Quadros da geografia da França*, de 1903, e outra em *Princípios da geografia humana*, de 1922. Com *Quadros*, nasce como uma geografia regional. Já com *Princípios*, nasce como uma geografia sistemática. *Quadros* é a resposta que Vidal de La Blache dá à solicitação de Ernest Lavisse de redigir o primeiro volume de um alentado estudo da história da França de antes e depois da revolução de 1789. Com o intuito de estar em conformidade com o que Lavisse solicita, Vidal traça o painel da diversidade regional da França, de modo a mostrar estar nesse painel regional o plano identitário da personalidade nacional francesa. Cada região tem uma identidade própria, e o traço que elas têm em comum é o que distingue a França no quadro das nações. Para chegar a essa unidade Vidal parte do aspecto multifacetado das paisagens do território nacional, analisando o amálgama de seus traços físicos e humanos, mas deixando de lado a forma como até então a França fora dividida regionalmente, quebrada em norte e sul, essencialmente por razões estatístico-administrativas. O sucesso da proposta de Vidal repercute na administração e na academia, despertando um debate nacional de que a contestação dos sociólogos durkheimianos e a intervenção de Febvre em nome dos historiadores já são parte (Chartier, 2002). E o critério científico e a ideia de visualidade de uma França personalizada no quadro de um espaço geográfico ao mesmo tempo diverso e uno, embora contestados, se difundem rapidamente como um discurso da academia (Bourdieu, 1989). O fato é que, com isso, Vidal oferecera ao meio intelectual e à nação francesa uma alternativa de imagem nacional capaz de recuperar o orgulho nacional afetado desde a derrota da guerra franco-prussiana de 1870 e o funesto desfecho da Comuna de Paris de 1871, além de uma base de organização tributário-administrativa do aparelho do

Estado muito mais eficiente. A divisão regional de Vidal vai ao encontro da necessidade de um critério mais pertinente ao reaparelhamento institucional e territorial do Estado que já então estava em marcha e que inclui a própria reorganização do sistema universitário. *Quadros* surge nesse momento de avanço do reaparelhamento nacional e dentro do sistema universitário, quando estão sendo criados novos cursos, a Geografia entre eles – o próprio Vidal fora convidado a criar uma face universitária para a Geografia na França –, despertando a atenção nacional para a Geografia e os trabalhos dos geógrafos. Isso explica o intenso impacto das monografias de seus discípulos no meio intelectual do país. Vidal traz uma solução para uma questão, a da divisão regional, fortemente debatida na busca de uma nova forma de organização geográfica que fosse nacional e ao mesmo tempo considerasse a múltipla diversidade das regiões do seu território. E a faz acompanhar de uma forma teórico-conceitual e de um método científico que doravante se tornam a referência dos estudos territoriais na França. E que se completa com o texto de Lucien Gallois, *Régions naturelles et nom du pays: étude sur la région parisienne*, de 1908, inteiramente dedicado ao conceito e ao seu entrelaçamento efetivo com a realidade histórica secular da França.

Todavia, o batismo de fogo e logo a seguir a sua morte, em 1918, quando Vidal mal dá os primeiros formatos da nova teoria, interrompem essa marcha ascendente. Nos anos 1930 vem a fragmentação da Geografia, favorecida pelo caráter descritivo em que ela cai.

A fragmentação em setores sistemáticos não vem, entretanto, de imediato. Ensaia uma primeira forma com a criação da geografia física e da geografia humana, de certo modo invenções francesas, a primeira através do *Tratado de geografia física*, de 1909, com Emmanuel De Martonne (1873-1955), a segunda através de *Geografia humana: ensaio de classificação positiva*, de 1910, com Jean Brunhes (1869-1930). Cada uma delas aponta já para os próprios termos da fragmentação setorial futura na maneira como cada qual estrutura seus capítulos. O *Tratado* divide seus capítulos por títulos que já passam a impressão de uma reunião de distintas especialidades. Assim, no primeiro volume temos: "O clima", "A hidrografia", "O relevo do solo". E no segundo, um alentado estudo da Biogeografia. Já *Geografia humana* mantém-se ainda com um ar de integralidade, todavia dividindo-se por capítulos centrados em temas que mais para a frente irão virar geografias humanas sistemáticas.

O *Tratado* coexiste, entretanto, com outras obras de geografia física, sem o mesmo formato. Com ele, dois outros livros formam o destaque: *La terre: description des phénoménes de la vue de globe*, de Elisée Reclus (1830-1905), publicado entre 1874 e 1876, e *Leçons de géographique physique*, de Albert Lapparent, publicado em 1876. São três distintos livros: *A terra*, de Reclus, é uma reflexão sobre a natureza enquanto plano da reflexão do homem, o detalhamento das partes e fenômenos da geografia física referenciando o homem como "a natureza adquirindo consciência de si mesma", como vimos no volume 1; *Leçons*, de Lapparent, é um manual didático, expondo a Geografia de um modo sistemático e sob um formato até então desconhecido na literatura geográfica francesa; e o *Tratado*, de De Martonne, é a obra que desenvolve o conteúdo da geografia física do modo formal como viremos a conhecer.

A *Geografia humana*, por sua vez, divide as honras com um número maior de obras. Podemos listar: *Príncipes de géographie humaine*, de Vidal de La Blache, de 1922; *Problèmes de géographie humaine*, de Albert Demangeon (1872-1940), de 1942; *Les fondements de la géographie humaine*, de Max Sorre (1880-1962), publicado entre 1943 e 1953; e *La géographie humaine*, de M. Le Lannou, de 1949. A *Geografia humana* de Brunhes é o primeiro tratado sistemático dos cinco. Compreendendo três volumes, lança a expressão na França – na Alemanha avança a tradição da antropogeografia, de Ratzel – e traz a proposta teórica dos fatos sociais, discurso distintivo de Brunhes. O primeiro volume expõe e detalha sua teoria geral; o segundo reúne vários estudos de área, onde se covalida a teoria geral do primeiro; e o terceiro reúne vasta iconografia. Os três volumes são resumidos posteriormente num só, numa edição abreviada, mas com a mesma estrutura geral. *Príncipes* de Vidal teve seu começo de redação antes de 1918, ano de sua morte, mas só é publicado em 1922, como obra póstuma. Tudo indica que seria a obra sistemática em que Vidal exporia sua teoria geral de Geografia. Voltado para fazer do discurso geográfico uma geografia das civilizações, a obra centra seu discurso no conceito de gênero de vida, numa linha distinta daquela de *Quadros*. Todavia, vimos, inexplicavelmente não cumpriu essa trajetória, deixando um vácuo que será preenchido por alguns seguidores. *Problèmes de géographie humaine* de Demangeon, de certo modo também inconcluso, mais reúne um conjunto de temas, como o próprio título sugere, que os conjuga num todo sistemático, mas espelha uma proposta distinta daquela vista nas obras de Brunhes e Vidal. *Les fondements* de Sorre é talvez a obra que mais tenha chegado ao objetivo sistemático, junto ao livro de Brunhes, exprimindo a busca do autor por formular uma teoria geral de Geografia com base numa teoria ecológica da relação do homem com o meio e o espaço, num esforço ao mesmo tempo de atualizar o pensamento de Vidal para a contemporaneidade dos anos 1950. *La géographie humaine* de Le Lannou, por fim, é um livro voltado para externar a preocupação do autor com a falta de rumos produzida pelo excesso de fragmentação, já dominante no trânsito dos anos 1940 para os anos 1950. Retocando a afirmação de 1913 de Vidal, Le Lannou tenta trazer de volta o homem como tema da Geografia, introduzindo o conceito da superfície terrestre como morada do homem e propondo tomar essa relação como a matéria da indagação geográfica.

Não obstante, a fragmentação se instala e progride. Em particular na área da geografia humana, ocorrendo na França o que já havia acontecido com a geografia física na Alemanha. O ponto do começo é a criação da geografia econômica por Demangeon, tirando-a das páginas de *Problèmes*. Também das páginas desse livro sai o embrião da *geografia agrária*, reforçada e reafirmada na influência do livro de Bloch, numa parelha com a história agrária e a história da agricultura (Cardoso, 1979). A geografia urbana surge com Raoul Blanchard (1877-1965). Pode-se datar esse surgimento da sua tese de doutoramento, *Grenoble: étude de géographie urbaine*, de 1911, com a qual Blanchard antecede a própria fase de fragmentação da geografia humana e a marcha da urbanização na França, em razão do diálogo que então estabelece com os estudos de urbanismo inglês, em particular com a obra de Ebenezer Howard Garden, *Cities of tomorrow*, de 1902 (reeditada com o título de *Tomorrow: a peaceful path to real reform*), e do escocês Patrick Geddes, abrindo precocemente o tema na França como um campo setorial especializado da Geografia.

Pelo lado da geografia física acontece uma forma diferente de fragmentação. As geografias físicas setoriais vão se formando – separam-se a geomorfologia, a hidrologia e a climatologia –, mas para, ao mesmo tempo, se entrecruzarem na forma da morfologia climática, de um certo modo, em virtude da influência da geomorfologia alemã sobre o todo da geografia francesa, que se soma à tradição da geografia regional, em que os aspectos físicos são tomados como base do assentamento espacial dos fenômenos humanos. Pode-se tomar por texto seminal desse entrecruzamento a tese de doutorado de André Cholley (1886-1962), o criador da morfologia climática na França (Mamigonian, 2003), *Les préalpes de Savoie (Genevois, Bauger) et leur avant-pays: étude de géographie regionale*, de 1925, orientada por De Martonne, sintomaticamente uma obra ao mesmo tempo de geografia regional e de morfologia climática.

A fragmentação desemboca nos anos 1940 na enorme polêmica que tem lugar na geografia francesa acerca do perfil profissional do geógrafo, que cresce e se amplia até os anos 1960 com a instituição do planejamento estatal. No fundo, a especialização visa o conhecimento vertical de uma ciência, mas traz consigo também o efeito de ligar seus profissionais a uma prática de viés técnico que os leva ao desejo de fazer uma geografia aplicada, pondo sua ação a serviço de órgãos do Estado e mesmo do setor privado. É o que acontece no âmbito da geografia francesa naquele momento, quando uma sequência de publicações tem lugar, abrindo pronunciamentos contra e a favor (Phlipponeau, 1964; McDonald, 1966; e Annaert, 1968). A criação, por Jean Tricart e Etienne Juilliard, dentro da Universidade de Estrasburgo, de um Centro de Geografia Aplicada, acompanhada, com igual atitude, por Jean Labasse na Universidade de Lyon, acaba por envolver os setores de esquerda da geografia francesa na discussão, acendendo internamente uma forte controvérsia, sobretudo pelo peso da influência da geografia soviética na própria instituição da geografia aplicada, em que vão se envolver sobretudo Tricart e George. Já em 1958 Tricart escrevera "Existe-t-il une géographie appliquée", texto em que se define a favor de uma geografia aplicada, condenando, porém, seu vínculo a setores empresariais, por ver nessa ligação riscos de perda de identidade e legitimidade científica da Geografia e do geógrafo. George responde em 1961, com um texto de mesmo título, condenando a geografia aplicada e usando os mesmos argumentos apontados por Tricart para justificar sua posição. Sucede que o tema crescera. Labasse, já antes, em 1955, publicara um alentado livro, *Les capitaux et la région*, em que analisa os efeitos da intervenção das empresas sobre os espaços, estimulando a criação de uma espécie de geografia das empresas.

E Juilliard publica em 1962 *La région: essai de définition*, com a intenção de reforçar as posições de Tricart e, ao mesmo tempo, lamentar o pouco de arcabouço teórico existente para orientar uma ação prática e eficiente, examinando o conceito de região. Por fim, George, à frente de um elenco de geógrafos que reúne Bernard Kaiser, René Gluglielmo e Yves Lacoste, lança em 1964 *Geografia ativa*, livro em que propõe uma forma de geografia de ação, crítica e alternativa a uma geografia aplicada.

A geografia brasileira já nasce clássica

A geografia brasileira nasce e se desenvolve nesse quadro de evolução da geografia mundial, dela incorporando seu referencial teórico, mas passando ao largo dos seus problemas. A década de 1950, justo quando a geografia clássica atinge seu auge e inicia sua fase de crise, é quando a geografia brasileira atinge o seu momento de efetiva constituição. E 1956, ano da realização do Congresso da União Geográfica Internacional (UGI), no Rio de Janeiro, é a espécie de um marco dentro do outro, indicando o estágio de amadurecimento e reconhecimento internacional (Monteiro, 1980).

Pode-se então tomar a década de 1950 como um divisor que separa um antes e um depois na história da sua formação. As primeiras formas de Geografia no Brasil são algo próximo do que Moraes designa como ideologias geográficas (Moraes, 1988). Toda uma literatura e uma iconografia voltadas para a descrição e esboço de classificação, distribuição e localização das paisagens brasileiras vão se acumulando no tempo, com a propriedade de, embora em geral vazadas no olhar do europeu – só na segunda metade do século XIX a literatura ganha uma forma e a língua portuguesa uma sintaxe nacional, e em pleno começo do século XIX a historiografia brasileira é ainda, na verdade, uma historiografia portuguesa –, criar um modo brasileiro de olhar, ler e explicar as paisagens geográficas brasileiras. Trata-se da literatura dos viajantes, ao tempo que a dos cartógrafos, a que se seguem as dos registros de demarcadores de limites, naturalistas, pintores, retratistas, sertanistas, comissões geológicas e geográficas, serviços de inspetoria, como a de estudos e obras contra a seca, já no Império e Primeira República, e de traçado de marcos geodésicos ou implantação de postes de instalações telegráficas, como a expedição de Rondon pelos rincões do Planalto Central e da Amazônia, além da multiplicidade de periódicos e da criação de instituições de cunho histórico ou estatístico-geográficos, como o Instituto Histórico e Geográfico Brasileiro (IHGB), em 1838, a Sociedade Brasileira de Geografia (SBG), em 1883, a Associação dos Geógrafos Brasileiros (AGB), em 1934, o Instituto Brasileiro de Geografia e Estatística (IBGE), em 1939, a que se acrescentam as primeiras iniciativas de reunião e sistematização de uma bibliografia e uma cartografia geográfica brasileira, arrolando e classificando esse rico acervo de obras, registros, descrições, narrativas e estudos da geografia do Brasil dos primeiros séculos (Pereira, 1994; Machado, 1995 e 2000). Devotando-se mais a uma geografia do Brasil que a uma Geografia no Brasil, como diz José Veríssimo da Costa Pereira, esse impressionante acúmulo de leitura e visualização das paisagens e da trajetória das formas de organização geográfica da sociedade brasileira – inexplicavelmente até hoje desprezada pela pesquisa geográfica – traça um amplo quadro do ambiente em que se vai plasmar o pensamento geográfico brasileiro e, de alguma maneira, formar o solo epistemológico da Geografia que se consolida nos anos 1950.

Talvez já se possa ver o lado formal desse processo de formação, diz Pereira, na obra de Manuel Aires de Casal, *A corografia brasílica*, de 1817, ano em que Ritter publica o *Erdkunde*. Capelão da Misericórdia do Rio de Janeiro, de origem portuguesa, Aires de Casal mostra-se informado da linguagem e do modo de ver geográfico oitocentista, de que Ritter partirá para produzir sua Geografia comparada, mas ainda trabalhando com as características da velha Geografia descritiva, meramente reunindo informações e dados do Brasil da época para arrolar num livro, sem o acompanhamento de uma direção teórica, mas com a peculiaridade de provavelmente ser a primeira obra mais formal de Geografia produzida no Brasil (Prado Jr., 1955). Pereira fala com ênfase também de *História das coisas naturais do Brasil*, de autoria de George Marcgrave, naturalista alemão de 28 anos aqui desembarcado em 1637, à época do domínio holandês, deixando elaborada uma obra vazada na visão de Geografia que vai dar logo a seguir na *Geografia generalis*, de Varenius, numa antecedência ao próprio Aires de Casal (Pereira, 1994).

Mas será preciso esperar o começo do século XX para vermos surgir as primeiras obras de fato formais de Geografia no Brasil, vindas de Delgado de Carvalho e Everardo Backheuser. Carlos Delgado de Carvalho (1884-1980) pode ser apontado como o introdutor de um discurso de sentido moderno na geografia brasileira. Formado na França em Ciências Diplomáticas e na Inglaterra em Economia e Política, e tendo vivido e convivido com o ambiente intelectual francês do começo do século XX correspondente ao período do nascimento e consolidação da geografia vidaliana, é esta visão que Delgado de Carvalho traz junto ao seu retorno em 1906 para o Brasil. É já a visão francesa moderna que podemos ver subsidiando os livros de Geografia que vêm à lavra no período de 1910 a 1920, principalmente, muitos dos quais escritos ainda em francês, e que só se tornarão conhecidos mais tarde, já nos anos 1930 e 1940, quando da implantação do ensino universitário de Geografia no país (Vlach, 1989; e Machado, 2000). Aí se destacam *Un centre économique au Brésil*, de 1908, *Le Brésil méridionel*, de 1910, *Metodologia do ensino geográfico*, de 1925. Em 1935, Delgado de Carvalho assume a cátedra de Geografia Humana da Universidade do Distrito Federal (UDF), mais tarde transformada na Universidade do Brasil (UB) e hoje Universidade Federal do Rio de Janeiro (UFRJ). E é dele a divisão regional do Brasil em Setentrional, Norte-Oriental, Oriental, Central (ou Ocidental) e Meridional, de 1913, que irá inspirar a divisão, praticamente sobreposta e com nomenclaturas diferentes (Norte, Nordeste, Leste, Centro-Oeste e Sul, respectivamente), de 1941, do IBGE.

Everardo Backheuser (1879-1951) vem de uma origem e uma trajetória diferentes (Santos, 1989). Seu campo de formação é a Engenharia, indo trabalhar com

Geologia, de onde chega à geomorfologia, daí à geografia física, acabando por optar pela Geografia, onde adota a linha da geografia alemã por meio da adaptação à realidade brasileira da antropogeografia de Ratzel, combinada com elementos conceituais dos discípulos franceses deste, em particular Brunhes e Vallaux, de onde desemboca na Geopolítica. Vai, assim, da geomorfologia à antropogeografia, mas se torna conhecido sobretudo por seus trabalhos de geopolítica. Sua produção é, então, plural, aí se destacando *A faixa litorânea do Brasil*, texto de 1918, de orientação davisiana, em que polemiza com as teorias de I. C. White e E. Suess sobre a formação e as características geológico-geomorfológicas da costa do Brasil, "A estrutura política do Brasil", texto publicado em 1926, inspirado na antropogeografia, do modo misto alemão e francês como a entende, e *Geopolítica geral e do Brasil*, seu último livro, de 1952, em que busca aplicar ao Brasil os preceitos geopolíticos da geografia alemã dos anos 1940, com centro em Kjellen e Haushofer. Polêmico em suas posições de direita, Backheuser escreve e publica sobre suas concepções em diferentes periódicos, divulgando, de permeio, artigos em que tematiza sobre vínculos da Geografia com a religião, a língua e a cultura, como "A religião em antropogeografia", publicado na revista *Vozes* (números de jan.-fev. e de maio-jun.), de Petrópolis, de 1944; "Língua, situação geográfica e nível de cultura", publicado na revista *Verbum*, onde aplica ao tema da língua seu conceito antropogeográfico de nível de cultura, também de 1944; e "Da trilha ao trilho: contribuição para o estudo da conquista da antropogeografia da baixada e do maciço fluminense", apresentado no 9º Congresso de Geografia, da SBG.

A presença dessas obras, em particular as de Delgado de Carvalho, é já um efeito da criação dos cursos universitários de geografia, na Universidade de São Paulo (USP), em 1934, e na UDF, em 1935, logo seguida da difusão das universidades pelos demais estados da federação brasileira. Mas é com a plêiade de professores, a maioria deles franceses, entre os quais Pierre Monbeig e Pierre Deffontaines, convidados para a instalação desses cursos, aos quais se juntam os geógrafos, entre eles norte-americanos e franceses, convidados para função semelhante no IBGE, entre os quais Francis Ruellan e Leo Waibel, que a face científica e acadêmica surge de fato na geografia brasileira (Bernardes, 1982).

Com eles e a geração de geógrafos formados por eles no correr dos anos 1940 e 1950, inicia-se a história da geografia brasileira propriamente dita, cujo melhor espelho é a série de livros-guia produzidos para subsidiar as excursões e trabalhos científicos do Congresso Internacional da UGI, escritos por essa geração de iniciantes.

Pierre Deffontaines (1894-1978) foi o primeiro dentre eles a instalar-se no Brasil. Chega em 1934, com a tarefa de criar o curso de Geografia da USP. No ano seguinte, transfere-se para a UDF, no Rio de Janeiro, onde vai participar da criação do curso desta universidade, sendo substituído na USP por Pierre Monbeig (1908-1987), que chega em 1935. Ainda em seu período de estada em São Paulo, Deffontaines participa da fundação da AGB, inspirando-se nos moldes da Associação dos Geógrafos Franceses (AGF), depois presidida anos seguidos por Monbeig. Os dois estão igualmente presentes na criação do Conselho Nacional de Geografia (CNG), em 1937, cuja fusão ao Conselho Nacional de Estatística (CNE) em 1939 dá origem ao IBGE. Ambos discípulos de Vidal, é com base na linha vidaliana que então fundam a fase formal da geografia brasileira. Deffontaines, discípulo de Brunhes e a ele vinculado por fortes laços, tem um tempo de permanência no Brasil menor que Monbeig. Deffontaines retorna à França em 1938, Monbeig em 1946, aqui permanecendo por 11 anos. Assim, Deffontaines deixa poucas obras que pudessem influir na formação dos geógrafos brasileiros das primeiras gerações, mesmo no Rio de Janeiro, destacando-se a *Geografia humana do Brasil*, de corte nitidamente brunhiano, só publicada em livro em 1952. Já Monbeig tem uma produção volumosa, deixando vários textos, a maioria reunida em suas coletâneas, *Ensaios de geografia humana*, de 1943, e *Novos estudos de geografia humana*, de 1957, quando já não mais se encontrava no Brasil, além do clássico *Pioneiros e fazendeiros de São Paulo* (*Pionniers et planteurs de l'état de São Paulo*), sua tese de doutorado de 1952, só publicada em livro no Brasil em 1984, e de uma obra menos conhecida e ainda inédita em língua portuguesa, *Croissance de la ville de São Paulo*, de 1953, pondo-se na origem da geografia agrária pelo *Pioneiros* e da geografia urbana pelo *Croissance* no Brasil. Por outro lado, comparando-se o perfil de suas respectivas obras, Deffontaines deixa trabalhos orientados numa visão integrada, Monbeig mais se caracterizando pela atomização em campos setoriais. A *Geografia humana do Brasil* de Deffontaines é um clássico na linha de relação homem-meio, cada aspecto humano sendo visto em sua relação com os aspectos correspondentes do meio natural, a partir já do encaixe das cidades no seu sítio. Já *Pioneiros* de Monbeig é o que hoje se classifica como um trabalho clássico de geografia agrária, o meio físico sendo considerado como uma base físico-territorial do que vai se desenrolar na história da ocupação e marcha da fronteira agrícola do café para adiante rumo ao oeste de São Paulo, dividindo-se o livro numa primeira parte que analisa o suporte físico e nas partes seguintes, que analisam a marcha cafeeira. *O Brasil*, pequeno opúsculo escrito por Monbeig em 1954 para a coleção "Que sais-je?", com sucessivas reedições atualizadas, segue a clássica ordem N-H-E. Assim, é Monbeig quem traça o perfil da primeira geração de geógrafos de São Paulo, muitos dos quais vão substituí-lo na USP quando regressa a seu país. Todavia, na França pós-regresso, é Deffontaines quem se mostra mais produtivo, respondendo pela edição abreviada da *Geografia humana* de seu mestre Brunhes, e pela edição de uma séria de obras na linha deste, orientadas como estudos de relação homem-terra (o homem e a montanha, o homem e o mar etc.), à semelhança do que escreveu sobre o Brasil (Azevedo, 2004; e Abreu, 2006).

Em paralelo à formação e produção acadêmicas das universidades, no IBGE desenvolve-se uma linha de ciência mais próxima da geografia aplicada, num formato brasileiro. Os primeiros quadros profissionais do IBGE são engenheiros. O ingresso nos anos 1940 de geógrafos de formação, vindos das primeiras gerações saídas das universidades, inicia uma mudança na estrutura dos seus quadros. Nos anos 1950 já são eles que predominam, muitos dos quais vão fazer cursos de especialização em universidades francesas e norte-americanas (Penha, 1993). Com a vinda de Francis Ruellan (1894-1975) e Leo Waibel (1888-1951), contratados o primeiro para trabalhar com os acadêmicos da universidade e no IBGE e o segundo exclusivamente no IBGE, essa presença acadêmica se consolida. Ruellan chega ao Brasil em 1940 e logo se constitui numa ponte entre a universidade e o IBGE. Contratado pela Universidade do Brasil, aí desenvolve uma atividade de formação e de pesquisa da qual saem muitos dos geógrafos que vão completar os quadros dos profissionais do IBGE, com os quais continua atuando em assessoria de pesquisa, agora relacionadas às atividades deste órgão de governo. As atividades de Ruellan se dão praticamente no campo da geomorfologia. Formado na tradição davisiana, num contato estreito com a penckiana, juntando as correntes americana e alemã na perspectiva da leitura regional das paisagens, como é da tradição da geomorfologia francesa, passa a seus alunos essa visão integrada da paisagem em suas aulas e orientação de pesquisa, influindo na formação e nos rumos da geomorfologia brasileira dos primeiros anos. Waibel chega em 1946, diretamente para trabalhos de orientação e pesquisa no IBGE. Discípulo de Hettner com quem se inicia atuando no campo da biogeografia, de onde parte para chegar à geografia agrária, campo onde vai desenvolver a maioria de suas atividades no Brasil, Waibel é dono de uma teoria igualmente referenciada na visão integradora dos elementos pela paisagem. É um alemão exilado nos Estados Unidos, contratado pela Universidade de Wisconsin, onde muitos dos geógrafos do IBGE vão fazer seus cursos de especialização, quando aí estabelece as relações com os brasileiros que o trarão para trabalhar no Brasil. Tendo o IBGE e a geografia carioca como pontos comuns de entrecruzamento, Ruellan e Waibel somam seus trabalhos aos de Monbeig e Deffontaines, aos quais vão se juntar os de uma plêiade de geógrafos norte-americanos (Robert Platt, 1947; Lynn Smith, 1947; Clarence Jones, 1948; Preston James, 1949), franceses (Emmanuel de Martonne, 1937; Philipe Arbos, 1938; Roger Dion, 1947; Maurice Le Lannou, 1947; Pierre Gourou, 1948; André Gilbert, 1939; Louis Papy, 1950), canadenses (Pierre Dansereu, 1945), geralmente convidados para atuações mais restritas por essas instituições de geografia brasileiras, alguns como visitantes e outros como contratados para atividades de formação e pesquisa de curta duração, entre os quais se ressalte as diversas vindas de Preston James (1899-1986). São atividades de formação que os geógrafos do IBGE completam com cursos pós-graduados no exterior, à diferença dos geógrafos formados em São Paulo, que realizam sua pós-graduação na própria USP. Enquanto Waibel restringe suas atividades basicamente ao IBGE e ao Rio de Janeiro, Ruellan realiza uma movimentação mais ampla, sendo frequentes suas atividades em São Paulo, onde faz chegar a presença da sua visão de geomorfologia (Ab'Saber, 2007). A produção acadêmica de Waibel é, entretanto, mais vasta que a de Ruellan. A produção intelectual de Waibel abrange uma ampla riqueza de textos, que recobrem em pesquisa de campo as paisagens brasileiras amplamente do Sul e do Planalto Central, onde seus estudos vão da biogeografia aos grandes arranjos dos espaços agrários, nos quais aplica a teoria de Von Thünen, quase todos publicados na

Revista Brasileira de Geografia (RBG), do IBGE, e reunidos em 1958 no livro *Capítulos de geografia tropical e do Brasil*, pela editora dessa mesma instituição. Por meio dessa produção, Waibel cria uma segunda linha, de matiz bem IBGEano, de geografia agrária clássica no Brasil, ao lado daquela, mais paulista, vinda de Monbeig. Já Ruellan escreve e publica menos. São de sua lavra *Evolução geomorfológica da baía de Guanabara*, de 1949, e *O escudo brasileiro e dobramentos de fundo*, de 1953, igualmente publicados na RBG. Dois textos que, ao lado do clássico *Problemas geomorfológicos do Brasil Tropical Atlântico*, de De Martonne, também publicado pela RBG, em dois números, em 1943-1944, por muito tempo serão a referência bibliográfica básica dos estudos de geomorfologia no Brasil.

Os anos 1950 fecham esse longo ciclo de formação. Nesse curto espaço de tempo que se estende desde os anos 1930, quando da criação das universidades em São Paulo e no Rio de Janeiro e da fundação do IBGE, até os anos 1950, quando em 1956 os geógrafos brasileiros são mobilizados para a organização e o preparo do material que vai subsidiar a realização do Congresso Internacional da UGI, consolida-se uma geografia brasileira de características próprias. Indicador disso é a presença predominante de geógrafos nacionais na produção da literatura geográfica brasileira que, desde então, se multiplica.

Uma vasta produção na forma de livros e artigos – que serão objeto de análise do volume três desta trilogia – tem desde então lugar, de que a coleção de livros-guia produzidos para subsidiar o Congresso da UGI talvez seja o exemplo mais emblemático. São nove volumes, escritos por geógrafos originários de diferentes instituições universitárias do país e do IBGE, cada qual voltado para a análise de um recorte de área do espaço brasileiro, num recobrimento de quase todo o país: Fernando F. M. de Almeida e Miguel Alves de Lima, do IBGE, escrevem o livro 1, *Planalto centro-ocidental e Pantanal mato-grossense*; Ney Strauch, do IBGE, o livro 2, *Zona metalúrgica de Minas Gerais e vale do Rio Doce*; Ary França, da USP, o livro 3, *A marcha do café e as frentes pioneiras*; Aziz Ab'Saber, da USP, e Nilo Bernardes, do IBGE, o livro 4, *Vale do Paraíba, serra da Mantiqueira e arredores de São Paulo*; Lysia Maria Cavalcanti Bernardes, do IBGE, o livro 5, *Planície litorânea e zona canavieira do estado do Rio de Janeiro*; Alfredo Porto Domingues, do IBGE, e Elza Coelho de Souza Keller, da USP, o livro 6, *Bahia*; Mário Lacerda de Melo, de Pernambuco, o livro 7, *Paisagens do Nordeste em Pernambuco e Paraíba*; Lucio de Castro Soares, do IBGE, o livro 8, *Amazônia;* e Orlando Valverde, do IBGE, o livro 9, *Planalto meridional do Brasil.* São textos de visão integrada, quase regionais no estilo do *Geografia humana do Brasil*, de Deffontaines, mas nos quais é visível a influência de Monbeig no livro de Ary França, de Waibel no de Orlando Valverde, e de Ruellan no de Aziz Ab'Saber. Seus autores, distribuídos por suas origens e campos e regiões de atuação, entre Rio de Janeiro, Pernambuco e São Paulo, são geógrafos das primeira e segunda gerações, saídas dos trabalhos daqueles formadores da geografia brasileira. O domínio do conhecimento do espaço brasileiro e dos fundamentos teóricos que empregam para conhecê-lo, explicá-lo e descrevê-lo, expressos na qualidade do texto e na clareza analítica com que o apresentam é o que primeiro chama atenção.

A geografia brasileira mostra já nesse momento, entretanto, os dilemas do auge e esgotamento da geografia clássica. Exemplo disso é a fragmentação que avança naquelas praças e aqui chega junto aos geógrafos estrangeiros participantes do Congresso da UGI, e que se instala entre nós a partir dos anos 1960. Também aqui os anos 1950 são um marco de antes e depois. Comparem-se os livros-guia, que poderíamos considerar o primeiro estudo regional sistemático do espaço brasileiro então realizado, com as monografias regionais e os atlas que o mesmo IBGE publica após o Congresso, inicialmente com a *Geografia do Brasil: grandes regiões*, de 1959, série de estudos regionais que serão atualizados, sempre em formato grande, lançados primeiramente em comemoração ao 23º aniversário da instituição e, a seguir, com a série de atlas, a começar com o *Atlas do Brasil: geral e regional*, de 1960, reeditado nos anos seguintes em formato grande e também sempre atualizado. Enquanto os livros-guia se ressaltam pela visão integrada, as séries regional e de atlas chamam a atenção pela estrutura fragmentária, dividida e arrumada em capítulos do tipo N-H-E, em que desfilam as orientações setoriais de seus autores, muitos deles vindo dentre aqueles que assinam os livros-guia, sem uma visão discursiva e orgânica que as unifique num olhar integralizado análogo ao daqueles guias. Isso num átimo de tempo que não chega a cinco anos.

Assim, a climatologia aparece com os trabalhos de Ary França e Carlos Augusto de Figueiredo Monteiro, na USP, embora num consórcio de integração com a geografia urbana (que Monteiro logo irá desenvolver no formato do Sistema Clima Urbano [SCU] e irá conhecer-se como uma climatologia urbana), e Edmon Nimer, no IBGE, numa linha setorial especializada típica; a geomorfologia, com Aziz Ab'Saber, na USP, Antonio Bigarrella, de origem na geologia, no Paraná, Osório de Andrade e Raquel Caldas Lins, em Pernambuco, de inicio inspirada na linha clássica de Ruellan e De Martonne, mas a seguir na da geomorfologia climática de Tricart e Cailleux, presentes no Congresso da UGI, e Antonio Teixeira Guerra e Alfredo Porto Domingues, no IBGE, numa linha mais próxima da morfologia estrutural; a geografia urbana com Pedro Pinchas Geiger e Fanny Davidovich, no IBGE, e Milton Santos, na Universidade Federal da Bahia (UFBA), sem contar os trabalhos seminais de Monbeig; a geografia industrial com Pedro Pinchas Geiger, no IBGE, Armen Mamigonian, na Universidade Federal de Santa Catarina (UFSC), e Armando Correia da Silva, na USP; e a geografia agrária com Pasquale Petrone, na USP, Manuel Correia de Andrade, na Universidade Federal de Pernambuco (UFPE), e Orlando Valverde, no IBGE, que dão sequência aos trabalhos, respectivamente, de Monbeig e Waibel.

A vaga da renovação: a *new geography* e a geografia ativa

A intensa polêmica que eclode nos anos 1950 tanto na geografia norte-americana quanto na geografia francesa, e chega ao Brasil nos anos 1970, acaba por instalar em seus meios um estado de disposição de rever os fundamentos da geografia clássica que nos Estados Unidos eclodirá no nascimento da *new geography* e na França no da geografia ativa.

Quando em 1953 Schaefer lança seu torpedo contra o modelo de geografia norte-americana existente, indiferentemente às quatro tradições, mas tomando a obra de Hartshorne, Sauer implícito, como referência, estava sendo o porta-voz de correntes que desde os anos 1940 vinham já experimentando metodologias de quantificação na Geografia, que se veem assim representadas na crítica de falta de base científica e rigor de método – traduza-se, observância de leis matemáticas – de Schaefer. Não obstante o texto de Schaefer não traga qualquer contribuição maior de natureza teórica, aponta para o uso do modelo das teorias locacionais, já então utilizado como aporte metodológico por aqueles geógrafos. Desse encontro quase fortuito vai nascer o movimento de renovação geográfica que nos Estados Unidos irá inicialmente se conhecer por geografia quantitativa.

Podemos ver três momentos distintos na história da implantação da *new geography*: da quantificação, dos modelos e dos sistemas. A mudança de nome, que começa como uma geografia quantitativa, como é designada nos anos 1960, vira uma geografia teorético-quantitativa, na designação proposta por Ian Burton, de 1963, e culmina em nova geografia, na proposta de G. Manley, de 1966, que expressa essa sucessão de etapas (Christofoletti, 1976). Todavia, mais que uma mudança de nome, a formalidade indica a percepção da insuficiência da quantificação como base de parte dos geógrafos envolvidos com o movimento da *new geography* e a consciência da necessidade, cada vez mais evidente, de dotá-lo de um suporte teórico capaz de lhe dar sustentação, que primeiro vem na forma dos modelos e por fim da teoria dos sistemas.

Orientado pelo positivismo lógico (a filosofia da escola de Viena), o pressuposto da *new geography* é a presença de uma ordem estrutural matemática oculta por trás do padrão empírico de organização espacial dos fenômenos, cabendo-lhe descobrir e identificar as suas formas de manifestação. É esta descoberta que ao tempo que permite a explicação científica do fenômeno e dá à pesquisa o poder preditivo e nomotético que lhe é necessário, confere a matéria da intervenção prática e o valor de cientificidade requeridos pela ação geográfica. A tarefa da Geografia como uma forma de ciência é, assim, descobrir e revelar esses padrões matemáticos, tal como requeria e recomendava Schaefer.

Trata-se do ponto de vista do método de chegar às leis geográficas regentes desses padrões empíricos pelo emprego de técnicas estatísticas, via o uso do recurso da produção de um quadro de correlações matemáticas envolvendo um número amplo de variáveis, o padrão de correlações das variáveis evidenciando a natureza das leis e seus modos de exprimir-se num padrão-tipo de organização espacial. Feito isso, bastará ver a repetição desse padrão espacial em diferentes lugares, esclarecendo cada qual como uma forma específica de manifestação do padrão geral de organização. Entende-se que fica para trás, assim, o idiografismo estéril, nessa geografia nomotética cientificamente definida e praticada.

Essa primeira fase, meramente quantitativa, perdura pelos anos 1940 e 1950. E tem por epicentro a Universidade de Washington, em Seattle, por meio do grupo reunido por W. L. Garrison (n. 1924), no qual se vislumbra já a necessidade da introdução do uso de modelos locacionais, então expresso no emprego do modelo de Christaller (Johnston, 1986). Nos anos 1960 começa a segunda fase. Seja pela forma imprecisa do processamento das variáveis praticado, em face de ter-se de partir no método quantitativo sempre de uma hipótese, e seja pela necessidade de obter-se uma visualização mais clara do padrão espacial, nem sempre propiciado pela matriz da correlação numérica pura e simples, a quantificação passa a ser feita através do emprego de modelos, introduzidos sob a forma dupla dos modelos matemáticos, ditos estocásticos, do tipo *trend surface,* análise fatorial e simulação, e de modelos teóricos, acrescentando-se os de A. Weber (1868-1958) e de Von Thünen (1826-1851) ao de Walter Christaller (1893-1969). Entretanto, para isso se faz necessário criar um quadro teórico adequado, o que vem através de duas obras, a *Theoretical geography*, de William Bunge (n. 1928), componente do grupo de Garrison, de 1962, e a *Explanation in Geography*, de David Harvey (n. 1935), de 1969, logo transformadas na referência teórica e metodológica da *new geography*, a ponto de introduzir-lhe o nome. Com o livro de Bunge a *new geography* ganha o seu estatuto teórico. Com o de Harvey, o metodológico. A revolução na Geografia então se completa, proclama Ian Burton (n. 1935) sob os influxos da obra de Bunge, consolida-se e toma, por fim, sua forma científica definitiva (Burton, 1977).

No começo dos anos 1960 o olho do furacão é ainda a geografia norte-americana. É quando, então, o movimento segue rumo à Inglaterra, transformando-se num acontecimento anglo-americano, indo encontrar em Richard Chorley (n. 1927) e Peter Hagett (n. 1933) as novas ideias e obras que o irão consolidar como uma nova geografia. São de sua autoria *Analysis in human geography*, de 1965, *Frontiers in geographical teaching*, também de 1965, e *Models in Geography*, uma coletânea de textos de diversos autores norte-americanos e ingleses, de 1967; o livro de Harvey, um dos signatários da coletânea, viria em seguida, no ano de 1969, em culminância. Todavia, transformados na bíblia tanto da geografia humana (Johnston, 1986) quanto da geografia física (Gregory, 1992), seguirão sendo os livros de Bunge e Harvey as bases de sustentação da nova geografia.

Bunge reitera o papel da linguagem matemática, chama a atenção dos geógrafos para a natureza geométrica do espaço e conclama-os com base nisso a introduzir amplamente na Geografia os modelos locacionais, faz tempo conhecidos entre os economistas, como a teoria do lugar central, de Christaller, a teoria da estrutura das cidades, de E. W. Burgess (a escola de Chicago), a teoria de utilização do solo agrícola (a teoria dos anéis agrários), de Von Thünen, a teoria da localização industrial, de Alfred Weber, e a teoria da difusão espacial, de Torsten Hägerstrand (1916-2004), todas modelos de padrão matemático e de valor nomotético. São modelos ideais, observa, estruturas perfeitas que podem ser postas por trás dos padrões formais do espaço, reproduzindo no plano empírico o modelo teórico, e, nessa relação de modelo teórico e resultado esperado, servir de base a uma prática teoricamente orientada pela Geografia, tal como previsto para parâmetro de ciência pelo positivismo lógico, então seguido por ciências modelares como a Economia, em que um amplo campo de estudos de padrões espaciais vinha se desenvolvendo nos Estados Unidos através da teoria de modelos regionais criada pelo economista espacial Walter Isard, em muito semelhante às que criara August Lösch (1906-1945) em outro contexto. Assim, na distribuição espacial das cidades, espera-se vê-las dispostas no padrão de um hexágono, uma das quais posicionada no centro e as demais dela equidistando e entre si, assim levadas pelo jogo das forças de mercado, como previsto no modelo dos lugares centrais de Christaller; ou no modelo de círculos concêntricos, da mais intensiva à mais extensiva e segundo o gradiente do valor recíproco da terra, a partir de um centro de mercado, de Von Thünen, e nos outros modelos (Bradford e Kent, 1987).

Por sua vez, Harvey aperfeiçoa e oferece a solução teórica e prática do uso de hipóteses que todo modelo quantitativo necessariamente implica, detalhando os passos do método do uso dos modelos.

Da conjuminância dessas obras emerge, pois, o formato com que a nova geografia, então, mas não por fim, ficará tecnicamente composta. Marca-a, porém, uma característica de um discurso essencialmente formalista, que não demora a ser questionada por seus próprios seguidores. Cedo estes percebem o efeito problemático da ótica modelística que a reduz a ser um olhar essencialmente geométrico sobre o espaço, numa ausência de conteúdo, além da pulverização fragmentária que vem por conta do caráter de campo setorial específico que cada modelo em si encarna. E essa situação de inconveniência, ressaltada pela emergência dos problemas de meio ambiente que naquele momento eclode em diferentes pontos da superfície terrestre, leva-os a ter que dar à *new geography* um novo salto. Este vem, nos anos 1970, com o emprego da teoria dos sistemas.

O livro de Harvey, pelo cunho nomotético que o anima, não deixa de ser uma base dessa transição. O método que propõe traz em si um caráter já de certo modo sistêmico. Comparando o método indutivo e o método dedutivo, chamando a atenção para o papel metodológico central da hipótese em toda ciência e localizando os modelos como exemplos claros do pressuposto teórico de análise de padrões empíricos, até pelo seu caráter de um tipo ideal (o modelo é um padrão de organização ideal e enquanto tal preestabelecido como a estrutura do real que a pesquisa só vai identificar em seus diferentes casos de manifestação empírica), Harvey, em sua defesa da *new geography*, acaba enfraquecendo-a, pondo em evidência sua fragilidade e abrindo, ao lado das muitas concordâncias, para a crítica discordante que vai levar a teoria dos modelos a ser substituída pela teoria sistêmica. Para isso, basta que se opere um ajuste no modelo de hipóteses esquematizado por Harvey.

Entretanto, a teoria do modelo data pelo menos dos anos 1950, quando ganha a forma com que a partir de então vai aparecer, ocupando um papel de importância crescente no mundo da ciência através do formato da Teoria Geral dos Sistemas, de Ludwig von Bertalanffy (1901-1972), que a cria inspirado na teoria das trocas de energia e matéria da segunda lei da termodinâmica. Como se depreende do próprio nome e de sua fonte de inspiração, a Teoria Geral dos Sistemas supõe o movimento de transformação envolvendo em relação recíproca matéria e energia, numa consequente integração dos diferentes campos de ciência, conectados num enfeixamento dentro da análise sistêmica. E assim supõe, para além da forma, uma relação de conteúdo, cujo movimento recíproco é o que se deveria buscar e entender. Presente nos estudos de Geografia desde longo tempo, bastando dizer-se que a visão sistêmica tem por pressuposto o princípio da conectividade, um princípio levantado desde Humboldt, a abordagem sistêmica que agora a ele chega e nela se implementa tem o sentido de uma teoria organicista – Bertalanffy é biólogo – e de uma relação de centro-periferia, portanto um caráter mais estrutural, fazendo da Geografia um tipo de metateoria. Significa isso dizer que nessa Geografia encarada à luz da teoria geral dos sistemas, a analogia não mais é a de um tipo de relação modelo-padrão e modelo-cópia, mas a de homologia entre diferentes campos, como entre a hierarquização da rede de uma bacia de um rio e a da rede de cidades, a homologia propiciando o alcance da lei científica desejada (Johnston, 1986).

Ao tempo que esse movimento de renovação ocorre na geografia de âmbito anglo-saxônico, na de âmbito francês são outros os caminhos, vindo na forma da proposta da geografia ativa. Denomina-se geografia ativa à fórmula que os geógrafos de inspiração marxista, Pierre George à frente, dão aos problemas da fragmentação e os criados pela emergência de uma geografia aplicada. O ponto de referência é o texto de abertura de *Geografia ativa*, de caráter normativo, "Problemas, doutrina e método", de autoria de George.

Pierre George (1909-2005) divide seu texto-manifesto em três partes, a primeira crítica, a segunda doutrinária e a terceira normativa. A parte crítica é a da condenação da geografia aplicada, à qual contrapõe a geografia ativa, entendida como uma geografia da ação de sentido dialético, engajado, mas sem vínculos subordinantes, por isso autônoma e científica perante as demandas de intervenção do geógrafo, na linha da filosofia da práxis, de Marx. George observa que a Geografia surge na história colada às necessidades de informar e subsidiar a ação prática dos homens, seja na Antiguidade seja, sobretudo, na época das grandes navegações e descobertas, nascendo assim como uma geografia da ação, não como uma geografia aplicada. Com isso, a ação geográfica sempre esteve envolvida com as questões de sua época, mas sempre preservando sua essência científica e sua originalidade, porque livre da subordinação e desnaturação de seu enfoque e seus temas, o que não ocorre no contexto de uma geografia aplicada. Por isso, os resultados e o alcance temporal das pesquisas dessa ação geográfica sempre estão longe da efemeridade dos resultados e atualidade da produção conjuntural proveniente de uma geografia aplicada envolvida com interesses encomendados e limitada à natureza desses interesses e à temporalidade e conveniência dos governos e empresas que a encomendam. É o caso da geografia soviética, diz George, em que, no geral, não se teve a chance da integralidade e autodesenvolvimento que se conhece na geografia francesa. Subordinada ao interesse do planejamento, a Geografia foi limitada ao campo estrito da geografia física, mesmo assim orientada no propósito utilitário da indústria, e a geografia humana foi dissolvida nos desvãos dos economistas e dos fins do planejamento. E é esse pragmatismo a fonte de onde vem a grande inspiração que impulsiona o surgimento de uma geografia aplicada nos diferentes países a partir dos anos 1950-1960. Ao contrário, a geografia ativa é uma geografia da ação, teórica e prática, ao mesmo tempo, e sem o divórcio entre a Geografia e a vida que se vê na geografia aplicada.

Para George está, antes de tudo, na clara definição dos fundamentos e em seu caráter praxiológico autônomo e independente o parâmetro de uma Geografia voltada para os problemas reais de cada tempo. O que o leva a passar para a segunda parte, a da explicitação dessa episteme. Há, diz, que ressaltar, sobretudo, seu caráter de ciência do espaço e do todo, reunindo em seu campo de visão e em seu entrelaçamento a parte e o todo, tudo em termos de espaço, espaço e todo se confundindo à medida que este é explicado e objeto de explicação por intermédio daquele. Isso significa ter o geógrafo que saber lidar com a diversidade de escalas de tempo e de espaço que é própria da heterogeneidade dos fenômenos com que a Geografia lida. Em particular, com a escala do tempo-espaço da técnica. A equação desse desafio está para ele no conceito de situação. Em função da escala diferencial de tempo-espaço, a depender da conjuntura e do estado de correlação do momento, os fenômenos atuam ora como freios, ora como aceleradores do desenvolvimento, o recorte histórico-estrutural do momento definindo o estado exato e correspondente de estrutura e conjuntura para cada qual e para o todo dos componentes. E é tal estado e contexto a situação. É este vínculo da situação com os pares conjuntura-estrutura e tempo-espaço, quase correlacionados numa relação de superposição da conjuntura com o tempo e da estrutura com o espaço, que leva George a correlacionar ao tempo que diferir Geografia e História. A situação reporta a um quadro de conteúdo e forma de imediatismo histórico, sem que isso faça do geógrafo um historiador. Ao contrário, enquanto o historiador procura as descontinuidades no tempo-espaço, o geógrafo procura as continuidades no espaço-tempo, o espaço sendo lido nos termos do seu próprio tempo e as rupturas espaciais sendo vistas por referência a suas próprias estruturas temporais. Muito embora a Geografia tenha em comum com a História o mapeamento das tendências, é diferente a sua maneira de lê-las e as suas escalas de tempo e espaço, porque procura e precisa vê-las em termos de situação geográfica.

A Geografia logra obter este intento diferenciado porque, embora referencie o espaço, é a paisagem a sua perspectiva, o que quer dizer a superfície terrestre. Isso significa para George tomar a relação do homem com o meio como o campo geral do seu problema. O que não é a perspectiva da História. E é a diversidade plural do quadro situacional dos elementos humanos e dos elementos naturais, cada qual com sua escala de tempo e escala de espaço em seu momento histórico e de entrelaçamentos, que é obrigação da Geografia explicar para cada pedaço de espaço da superfície do planeta. Daí que a Geografia seja uma ciência de explicação e que se oriente na busca da identificação das relações internas e externas desse complexo que é cada porção de espaço, indo buscar a explicação geral das leis regentes da situação, que por definição é o próprio movimento incessante e contraditório dos fenômenos em sua rede de entrelaçamentos, na diversidade da superfície terrestre. Cada elemento humano, cada elemento natural, é assim visto à luz de sua presença no quadro do complexo situacional, e este por sua vez no quadro geral da superfície terrestre, onde, e só onde, se pode ao mesmo tempo identificar quais elementos atuam como aceleradores e quais atuam como freios, qual age, em cada momento, como elemento-motor inicial do desenvolvimento e qual como elemento da defasagem, o geógrafo avaliando e oferecendo ao uso público a informação do quadro das alternativas de intervenção por meio do mapa das direções possíveis de ação e de tendências espaciais.

Por isso é preciso entender que a análise da situação – a um só tempo escopo e método da pesquisa – só é possível de fazer-se no âmbito do entrelaçamento das escalas estrutural e relacional dos recortes de espaço no plano entrecruzado da superfície terrestre, não do setor ou do pedaço isolado, donde os malefícios de uma ciência utilitarista e fragmentária. A situação vista no seu recorte de espaço mas dentro do todo da superfície terrestre é, pois, a referência analítica da Geografia. E a paisagem a sua condição analítica por excelência. Porque é na escala do todo que cada recorte e dentro dele cada elemento define-se no que é, ao aparecer diante do homem como fonte ou meio de vida, e o balanço do estado dialético das situações por isso se faz possível e ganha o seu sentido e valor prático. Em primeiro lugar, um quadro de situação só o é se visto numa contextura geográfica de freio ou de aceleração, de atraso ou de avanço, e, assim, se comparado com outro dentro da escala global das situações no todo entrelaçado da superfície terrestre. Em segundo, um elemento fora de um todo, em si, não tem valor analítico ele mesmo. É isso o que confere toda a particularidade estrutural aos recortes espaciais de situações. Tudo só é o que é se visto no contexto próprio de cada situação espacial, ao tempo que no plano comparado das situações espaciais no todo da superfície terrestre. E num mesmo contexto de história. Por isso, o recorte, seu traçado e seu estado de evolução e desenvolvimento comparado são o elo costumeiro da avaliação para dentro e para fora do plano geral do todo, o todo servindo de parâmetro da leitura simultaneamente geral e diferenciada que localiza sem singularizar ou lançar o recorte num isolamento, mas sem também o dissolver na generalidade abstrata, respeitando-se a especificidade de cada realidade de situação espacial e a sua universalidade concreta no quadro global dos recortes da superfície terrestre.

George está aqui respondendo a um só tempo ao que considera os equívocos da geografia aplicada e aos críticos que acusam a Geografia de falta de objetividade e cientificidade, um tema que renasce, porém agora internamente, com a polêmica da geografia aplicada, na referência do que esta chama de geografia teórica, observando o que é para a geografia ativa agir e fazer ciência em Geografia.

A análise das situações, diz, é, pois, o pressuposto e a matéria de organização de uma geografia da ação. É por meio dela que a Geografia pode e deve desembocar no plano da aplicação, agindo como uma práxis, sem virar uma geografia aplicada. Até porque não lhe cabe, mas às decisões livres da sociedade informada, o emprego e o direcionamento dos resultados. É da sua tarefa o balanço das situações, o mapeamento conjuntural dos respectivos modos e formas de existência e de vida referidas ao espaço, o balanço dos problemas, possibilidades e tendências, mesmo que para isso chegar tenha-se que partir de um ente epistemológico pontual. Tal como no seu campo faz abusivamente a geografia aplicada. Filha de uma conjuntura de divisão técnica do trabalho, a especialização setorial profissionaliza o geógrafo, mas o desintegra, guetiza e divide. E oculta que a real especialidade do geógrafo é o estudo diferencial das situações contextuais do espaço. E que é pelo mapa das situações que ele se identifica no parâmetro dos espelhos, se põe e dialoga nas fronteiras.

[illegible] utilizada na referência do que era chamada de geografia teórica, observando o que é [illegible] geografia [illegible] em Geografia.

[illegible]

AS OBRAS, OS DIFERENTES CAMINHOS DA RENOVAÇÃO

O que no fundo move a crítica dos anos 1950-1960, seja da *new geography*, seja da geografia ativa, é a necessidade de encontrar uma nova forma de teoria geral de Geografia que permita ver a realidade saída do contexto de duas guerras e que modifica a passos acelerados aquela deixada para trás. Só nos anos 1970 esta nova realidade se apresenta e fica mais evidente empiricamente, beneficiando uma espécie de segunda onda do movimento de renovação que então terá lugar.

Embora não percebendo as forças subterrâneas que as impulsionam, tanto a *new geography* quanto a geografia ativa se movem em função disso. E ambas empurram o discurso geográfico rumo ao novo, de que a renovação dos anos 1970 é, ao mesmo tempo, uma continuidade, uma solução e uma forte ruptura.

No Brasil um rol de livros exprime com maior clareza os caminhos e buscas dessa nova perspectiva. Os livros que se seguem, bem como seus resumos críticos, tomam o âmbito da geografia brasileira como referência de escolha.

David Harvey: valor e espaço em *A justiça social e a cidade*

A justiça social e a cidade é um livro de 1980 (a edição norte-americana é de 1973). Harvey recém saíra do ambiente socialmente estéril e neopositivista da *new geography*, em cujo seio publicara o *Explanation in Geography* quatro anos antes, para ir dedicar-se às questões sociais e políticas que fermentam o meio intelectual dos Estados Unidos, para o qual se transferira da Inglaterra contratado para lecionar na Universidade John Hopkins, em Baltimore. Nesse novo ambiente, participa das atividades da *Antipode: a radical journal of Geography*, uma revista fundada em 1969 na Universidade Clark, em Massachussets, aderindo às posições do marxismo, antes passando numa rápida transição por um liberalismo de corte neocontratualista. *A justiça* marca essa transição. Por isso, Harvey combina nesse livro categorias formais da *new geography*, como forma e processo, e conteúdos sociais e críticos da nova posição, introduzindo como base de análise o conceito de justiça distributiva territorial.

Formas espaciais e processos sociais

As categorias da forma e processo, diz Harvey, comandam o quadro da organização geográfica da sociedade na história. Se vistas sob a perspectiva da unidade de relação dialética que as entrelaça, formas espaciais e processos sociais não são dimensões distintas do real ou que se apresentam no plano da sociedade como realidades dissociadas. As formas espaciais não são objetos inanimados, mas entes que em si contêm, expressam, portam e realizam processos sociais, de modo que as formas espaciais são processos espaciais assim como os processos sociais são formas espaciais, uma vez que estamos falando de práticas humanas. A forma espacial é uma determinante do comportamento social e vice-versa.

A tendência de vermos uma categoria e outra numa relação de dissociabilidade é a decorrência de vermos como dissociados fatos e valores, eficiência e justiça, coisa e ação, privado e público, objeto e sujeito, bem na conformidade da teoria liberal corrente.

Por outro lado, compreendê-las em sua consorciabilidade supõe a clareza do conceito do espaço. E este, para além de absoluto e relativo, como se entende na tradição, é relacional. Isto é, mais que uma coisa em si (absoluto) e uma relação entre objetos (relativo), o espaço é uma relação posicional. Além disso, uma forma pode transformar-se na outra.

É o momento da prática humana que determina qual é a forma. É o elo diferencial e unificador. A prática humana unificadora é aquela que está informada numa consciência espacial, por sua vez informadora de uma imaginação geográfica. A consciência ou imaginação espacial vem da experienciação que nos espaçotemporaliza. Consiste em saber viver e agir em termos de contexto e significado espacial. O que supõe ver e pensar a sociedade humana como uma totalidade estruturada em termos de forma e processo socioespacial.

A economia política do espaço

São as categorias da economia política que, entretanto, fincam os pontos de arrumação do movimento articulado dessa relação entre forma-espaço-processo. A repartição dos homens no espaço urbano, para tomar-se o exemplo da cidade, é o resultado de uma ação combinada da distribuição territorial da renda monetária e da renda fundiária, uma vez que é a relação entre essas modalidades de renda que orienta a distribuição das localizações espaciais.

Vindo da relação combinada da distribuição da riqueza na forma da renda monetária e da renda fundiária, o arranjo espacial é a realidade sensível ao vaivém dos respectivos movimentos. O centro de referência é a correlação com que a forma espacial e o processo social se imbricam no movimento da interação das rendas em cada local e no conjunto dos locais. Toda e qualquer mudança de redistribuição na arrumação do espaço reflete-se na distribuição seja da renda monetária, seja da renda fundiária, interferindo na relação existente entre elas.

Decisões relacionadas ao local, como na rede dos transportes, afetam a distribuição do uso do solo, o equilíbrio da produção e da concorrência entre as firmas, a repartição dos serviços, os fluxos do mercado, influindo no valor e acesso à moradia, oportunidades de emprego e despesas do indivíduo com deslocamentos. Isso tem efeitos indiretos sobre a renda.

O ponto de referência é o que articula acessibilidade e proximidade, o que põe em tela o significado da distância. Em geral, toda relocalização recria a configuração do espaço e, dessa forma, influi no quadro da acessibilidade e proximidade ao afetar os parâmetros de vizinhança. Por isso, políticas destinadas a mudar formas espaciais (isto é, localização de casas, rede de transportes etc.), devem ser compatíveis com os processos sociais (estruturas sociais, atividades que interligam pessoas e organizações, oportunidades de emprego, benefícios de assistência social etc.), uma vez que estão em jogo o preço da acessibilidade e o custo da proximidade.

E isso porque por intermédio dessas categorias se liga todo o complexo de relações entre espaço e valor existentes no interior da sociedade. E se evidencia o papel de base do modo de produção.

O modo de produção é a base real da relação geográfica entre forma espacial e processo social em que o valor determina a forma do arranjo do espaço e a forma do arranjo do espaço determina o valor. E deve-se aqui distinguir o valor-de-uso e o valor-de-troca do solo sobre o qual se ergue e se arruma a configuração do espaço e, assim, a renda absoluta e a renda diferencial que as expressam, além da renda de monopólio. Sem isso, não se entende o papel do processo do excedente social sobre a forma do espaço e, então, o significado da escassez.

Antes de tudo, deve-se levar em conta o papel espacial distinto e combinado da propriedade privada, fonte da renda absoluta, e o das condições de localização, fonte da renda diferencial, conquanto agem combinadas seja como relação seminal das formas espaciais e dos processos sociais e seja de suas interações.

A lógica espacial da propriedade privada é a criação da escassez, via relação de mercado, que a toma por fonte da sua própria lógica. Sob este quadro, a propriedade privada torna-se a fonte matriz da renda fundiária no capitalismo e do modo como, enquanto processo social de base, este intervém na determinação das formas do espaço. Decorrência da existência da propriedade privada na história, a renda absoluta é o direito do valor de transferência do uso da terra que o proprietário cobra ao usuário e por isso independe do lugar e das condições de localização. Se extinta a propriedade privada, deixa de haver a renda absoluta. De modo que sua existência serve de barreira ou porta de acesso (pelo aluguel, arrendamento ou compra da terra) às estruturas do espaço.

A localização, por sua vez, é a fonte da renda diferencial. Esta é um valor relacionado à fertilidade da terra, posição desta diante da localização dos centros urbanos, situação do local dentro da rede de circulação, disponibilidade e disposição dos elementos naturais como topografia e água. De modo que é uma forma da renda que varia entre um ponto e outro do arranjo do espaço, caindo, por exemplo, dos solos de maior para os de menor fertilidade ou em diagonal, no sentido do centro para a periferia da cidade e na relação desta com o campo.

Geralmente a renda absoluta vem embutida na renda diferencial. E, nessa condição, uma reforça o efeito espacial da outra, particularmente ali onde a densidade demográfica e a pressão da demanda encarecem o valor da terra e assim corroboram a diferencialidade e a escala de embutimento dos recortes do arranjo do espaço no jogo do seu domínio para o fim da captura do valor-de-uso pelo valor-de-troca. Nessa combinação, renda absoluta e renda diferencial penalizam a população de mais baixa renda monetária, ao determinar a forma e a distribuição do acesso social e das atividades no espaço da cidade e do campo.

O valor-de-uso é a razão por que se paga renda absoluta e renda diferencial pela terra urbana e pela terra rural. E porque a terra é convertida em mercadoria. Se não tivesse valor-de-uso, a terra não teria valor-de-troca e não seria objeto de renda. É precisamente o intuito da captura do valor-de-uso que faz a renda fundiária adquirir a forma da renda absoluta e da renda diferencial na história, a apropriação privada fazer da compra e venda da terra a fonte da criação da escassez que transforma o espaço em mercadoria e a lógica do mercado virar a própria lógica do arranjo na sociedade capitalista.

Há uma relação de valor-de-uso e valor-de-troca, pois, por baixo da constituição das formas e processos do espaço é a lei geográfica que comanda as relações espaciais modernas. E é esta combinação o que dá ao solo com suas benfeitorias – uma forma de valor-de-uso fixo – esse aspecto peculiar de já nascer uma economia política do espaço. E que dá ao espaço assim formado a propriedade de ser a um só tempo uma base de produção e reprodução da vida real, por ser o solo – incluindo as benfeitorias – um elemento previamente fixo e localizado da produção continuada. O fato é que a produção não se repetiria continuamente se o processo produtivo não predispusesse de uma estrutura fixa que previamente o embasasse e o orientasse em seus movimentos para a frente. E não sendo reprodução, a produção cessaria e estancaria, não se reproduzindo a vida real. Eis que a disposição locacional e os elementos de composição do arranjo espacial das benfeitorias do solo atuam como estruturas permanentes e garantem a produção e a reprodução como um todo das relações de produção com repercussão sobre o todo da sociedade.

Todo modo de produção deve, por isso, criar suas próprias condições espaciais de existência, por ser o espaço uma condição de reprodução por essência, já que é por seu intermédio que os elementos de produção são reunidos e o movimento de conjunto ganha um padrão de coerência orgânica e fixa no tempo.

A temporalidade das formas espaciais

O espaço expressa-se como tecnologias espaciais na história, assim como a história se expressa originando e comandando, por sua vez, as tecnologias espaciais. Essa é a essência dialética da reprodução da vida real, via relação entre formas espaciais e processos sociais, sendo esta a essência da determinação geográfica.

Por isso, a configuração espacial é uma estrutura ao mesmo tempo unitária e diferenciada na história, ou evolui nesse sentido. A sociedade asiática antiga, por exemplo, é uma unidade indiferenciada de cidade e campo: a cidade pouco se diferencia da estrutura rural geral, sendo mais uma instância do poder principesco que se sobrepõe ao todo rural. A sociedade feudal é, no início, um todo de unidade rural que, aos poucos vai se diferenciando, mas com a cidade mantendo-se ruralizada. A sociedade capitalista, por fim, inverte esse sentido diferenciando-se em campo e cidade, mas com o campo sob os efeitos da urbanização. A natureza e o destino do excedente são as regras da determinação.

A capacidade de produzir excedente, uma produção material das condições de existência em nível superior ao necessário à reprodução de cada membro da sociedade e da sociedade no seu todo, é o elo da constituição da sociedade na história. E a relação de excedente é o que se vê no modo dos arranjos do espaço. Assim, surge a distinção processual entre as sociedades asiática antiga, feudal e capitalista na história, bem como a espacial de classes sociais. Nelas há sempre uma relação forma-espaço-processo que se associa à relação do excedente, forma espacial e processo social se inter-relacionando de acordo com a natureza histórica da relação excedentária.

Na sociedade capitalista a mais-valia é a forma histórica de excedente, e a produção é uma reprodução dela. Parte do excedente deve ser materializada em tecnologias do espaço e a estrutura espacial pode, assim, cumprir o seu papel de condição de reprodução da produção do excedente em escala sempre ampliada. O espaço, então, condensa em sua estrutura o movimento histórico-evolutivo do excedente social, subsidiando sua produção e materialização do capital num movimento contínuo.

Decorre disso a forma como aparece a relação entre campo e cidade nessa sociedade. É o papel global, isto é, para além da hinterlândia agrícola, que o movimento espacial da mais-valia – do mercado de troca à reposição no circuito produtivo – confere à cidade, uma vez que o capitalismo repousa na circulação espacial dela.

O capitalismo tem, por isso, uma relação do processo social com a forma do espaço de natureza mais dinâmica que a dos outros modos de produção na história. No modo de produção cuja existência se deve à necessidade de colocar a mais-valia em circulação para, assim, ainda mais, criar mais-valia, a sua condição de reprodução passa por um modo de relação forma-espaço-processo em ciclos de recriação permanente, seguindo uma dinâmica que o obriga a ter que criar e recriar o espaço como estrutura de permanência de uma forma histórica que é só sua. Isso significa ter de criar e recriar os termos da sua economia política do espaço numa forma que redistribua e expanda a escala das tecnologias espaciais de modo contínuo e ininterrupto.

Neil Smith: natureza e espaço em *Desenvolvimento desigual*

Desenvolvimento desigual: natureza, capital e a produção de espaço é um livro publicado em 1988 (o original norte-americano é de 1984). Nele Smith materializa um projeto de meados de 1980 no qual busca equacionar o problema filosófico do conceito de natureza e espaço, já visto em sua consonância, e o teórico de pensar a realidade mutante com elementos apropriados da Geografia.

Natureza e espaço, assim como desenvolvimento desigual, são conceitos aqui repensados, rompendo Smith com os seus modos tradicionais de entendimento seja no âmbito da Geografia, seja no do marxismo, por onde o pensamento de Smith circula.

A natureza e a produção da natureza

A natureza, diz Smith, é o plano da relação metabólica do homem com a qual ele se relaciona antes de tudo como uma grande fonte de valores-de-uso. Nessa relação metabólica, através do trabalho, os valores-de-uso primários são transformados pelo homem em novos valores-de-uso, mais conformes com a resolução das suas necessidades.

Entretanto, à medida que, no curso da história humana, o processo da produção capitalista vai se fazendo presente em todas as áreas do planeta, a produção de valores-de-uso se transforma numa produção de valores-de-troca, intervindo nas condições naturais de cada lugar. Os valores-de-uso são produzidos já com o destino do mercado e a produção é convertida num processo em que o valor-de-troca é levado para o centro da natureza e, assim, muda o seu caráter qualitativo de uma primeira em uma segunda natureza. Passam assim a diferir e a interagir nessa dialética de comando do valor-de-uso pelo valor-de-troca, duas naturezas não consideradas no conceito a-histórico habitual com o qual operamos.

Tanto a primeira quanto a segunda natureza estão historicamente relacionadas numa interação de valor-de-uso e valor-de-troca, mas, antes do surgimento do capitalismo, não necessariamente numa relação de subordinação da primeira forma-valor pela segunda. Seja no passado, seja nas condições capitalistas do presente, a relação do homem com a natureza é conduzida pela combinação do valor-de-uso e do valor-de-troca numa relação em que o valor-de-uso aparece no momento da produção e o valor-de-troca no momento da circulação, definindo-se, assim, a relação do metabolismo do homem com a natureza como uma relação de produção e troca de valores dentro e entre as sociedades. O surgimento do Estado e do mercado, dado seu cunho de maior abrangência, cria e generaliza uma tendência de a segunda natureza sobrepor-se à primeira e de desdobrar-se, por intermédio da ciência, enquanto consciência da natureza que Estado e mercado desenvolvem na conjunção com a técnica, numa terceira. Desdobrada na instância estrutural da história em escala tão global da vida humana, a natureza é, assim, levada a confundir-se com a própria abrangência total dos movimentos do capital, da esfera da acumulação capitalista à esfera total da sociedade humana, quando, então, a sujeição do valor-de-uso ao valor-de-troca atinge a própria consciência humana.

É a partir daí que a natureza passa a ser vista como um todo de caráter universal, a primeira natureza sendo aquilo que tem em si tudo o que o capital necessita e precisa encontrar para expandir-se, ao seu domínio material, em todos os lugares; a segunda sendo a reprodução dela na escala da abrangência do valor-de-troca, doravante entendida como uma lei do mercado com um caráter tão universal quanto a própria lei da gravidade; e a terceira, o seu desdobramento na consciência até completar-se na forma da representação racional do conhecimento científico-técnico.

O espaço e a produção do espaço

O espaço é um resultado lógico dessa múltipla produção da natureza e, ao mesmo tempo, a instância que a leva a produzir-se nessa formação diferenciada. A produção do espaço se confina com a produção da natureza, uma se confundindo com a outra.

Duas são as suas formas, mas não no sentido do seu entendimento costumeiro; ao contrário: o espaço absoluto e o espaço relativo. O espaço absoluto é o que está relacionado à produção do valor-de-uso e, assim, no geral, à primeira natureza. O espaço relativo é o que está relacionado à circulação do valor-de-troca e, assim, à segunda natureza. O espaço geográfico é essa combinação de espaço absoluto e relativo, e nesse modo duplo é um equivalente do duplo da natureza.

Espaço absoluto e espaço relativo se interligam numa relação de lugar e interação de lugares, respectivamente, o espaço absoluto, por ligar-se à esfera da produção, sendo proveniente da localização pontual dos centros de produção dos valores-de-uso, e o espaço relativo, por ligar-se à esfera da circulação, sendo proveniente da generalização do entrelaço dos lugares e, assim, estar vinculado ao movimento territorial do valor-de-troca. É o espaço relativo, enquanto expressão da segunda natureza, que a vê desdobrar-se da esfera da troca e do Estado na esfera das instituições conscientes do pensamento, a fim de tornar-se uma terceira natureza e, assim, culminar no espaço relacional, já nos confins da abrangência total do próprio modo de produção capitalista.

Esse vínculo indireto do espaço absoluto com o Estado e o mercado explica a estrutura territorial fragmentada com que a organização societária nasce no âmbito da história moderna. Diferentemente de como o espaço era na antiga organização gentílica, com o surgimento do Estado e do mercado, a população passa a ser dividida territorialmente, fragmentando-se por unidade de domicílio, a exemplo de como hoje vemos nas cidades, num procedimento de organização espacial no qual pessoas e valores-de-uso se tornam territorialmente, ao mesmo tempo, mais radicados e mais móveis, arrumando-se na distribuição do espaço absoluto segundo os ditames relacionais do espaço relativo. Trata-se de uma arrumação ao mesmo tempo fixa e móvel do espaço pelo Estado e pelo mercado, tanto mais fixa e mais fluida quanto mais o valor-de-troca se generaliza e o espaço se torna mercadoria. Uma relação que se imbrica com a forma nova que o trabalho vai assumindo na nova forma de sociedade.

A diferenciação-equalização do espaço e o desenvolvimento desigual

Essa imbricação do espaço absoluto e do espaço relativo em termos respectivos e correlacionados de fixo e fluxo, o absoluto como o espaço dos fixos e o relativo como o espaço dos fluxos, leva o todo geográfico a estruturar-se numa dialética de diferenciação e equalização, o espaço absoluto expressando a diferenciação e o espaço relativo a equalização, em que a polaridade da organização ora tem como centro a diferenciação, ora a equalização, deslocando-se, a depender do movimento de vaivém espacial do valor, como num pêndulo, entre os lugares do espaço absoluto e os nós da rede do espaço relativo, em busca do ponto de melhor realização no lucro.

A base da diferenciação é a divisão territorial do trabalho, arranjo típico do espaço absoluto com seus múltiplos pontos de produção de valores-de-uso. A história humana conheceu, na maior parte de sua duração, uma divisão territorial do trabalho baseada na diferenciação das condições da primeira natureza. Dentro de suas fronteiras, sobras de produção eram postas à troca, numa forma social de relação de espaço em que o valor-de-uso se sobrepunha ao valor-de-troca como forma-valor. Com o advento da troca capitalista, essa relação se inverte a favor do valor-de-troca, surgindo uma divisão territorial do trabalho na qual o espaço absoluto cada vez mais se diferencia e se integra dentro da fronteira expandida do espaço relativo. O que é o mesmo que dizer que a diferenciação crescente entre uma natureza centrada no valor-de-uso natural, a natureza primeira do espaço absoluto, e uma natureza no valor-de-troca, a natureza segunda do espaço relativo, ganha uma intensidade de desenvolvimento ascendente, sobrepondo-se uma à outra na mesma relação de sobreposição do espaço relativo ao espaço absoluto. Esse movimento dos capitais entre os lugares do espaço absoluto, em sua migração incessante em busca dos setores e áreas de mais alta taxa de lucros, orientada pelo preço médio de produção e pela taxa correlata de lucro médio, é o processo que leva os capitais a igualarem, com o tempo, suas taxas de lucro, convertendo a diferenciação em equalização.

Todavia, o próprio nivelamento atingido mais uma vez se diferencia, por conta da intervenção dos investimentos em tecnologia, rebaixamento correspondente dos níves de custos e subida consequente dos níveis de produtividade, a gangorra se movendo num ir-e-vir de diferenciação-equalização geográfica contínua, num equilíbrio instável.

Massimo Quaini: natureza e sociedade histórica em *Marxismo e geografia*

Marxismo e geografia é um livro de 1979 (a edição italiana é de 1974). Nele Quaini se volta para mostrar a forma como as categorias da Geografia aparecem e são tratadas nas obras de Marx.

A busca desses pontos comuns o leva a centrar suas referências nos efeitos da acumulação primitiva sobre a passagem das "sociedades naturais" (comunitário-naturais) para as "sociedades históricas" (individual-privadas), de modo a enfatizar o que chama de as bases ecológico-territoriais das sociedades na história.

A relação homem-natureza como base no marxismo e na geografia

O eixo da compreensão de Marx da relação entre o homem e a natureza, diz Quaini, é a relação história-natureza. O ponto nodal é o cunho histórico de duplo aspecto: o homem relaciona-se com a natureza como história natural e já em simultâneo como história social. O trabalho é exatamente o movimento de salto de qualidade de um momento a outro. Ocorre ainda que esse duplo aspecto natural-social da história do homem se realiza no âmbito e na medida do caráter de relação homem-homem dentro da relação homem-natureza. Pois é nisso que implica a consideração do trabalho.

Isso traz a determinação do todo da relação homem-natureza para dentro do âmbito da relação social homem-homem. E vice-versa. É nesse âmbito que a relação homem-natureza se aclara como ontologia, um salto dialético do reino da necessidade para o reino da liberdade. E em que a relação liberdade-necessidade se dá, se identifica e se concretiza como hominização do homem na história. A organização ecológico-territorial das sociedades expressa o modo como esse movimento de determinabilidade, de um lado, de história da natureza (o reino da necessidade), e de outro, da história social (o reino da liberdade da necessidade), se concretiza.

A acumulação primitiva e a clivagem "sociedades naturais" e "sociedades históricas"

Podem-se distinguir as formas de sociedade segundo o modo como a relação liberdade-necessidade define a relação homem-natureza em sociedades naturais, aquelas em que o vínculo do homem com a natureza e as relações comunitárias é a base das relações; e em sociedades históricas, aquelas em que este vínculo está desfeito, sendo a passagem de uma forma para outra definida como a história da expropriação e separação do homem em relação à natureza e a relação natural-comunitária.

Nas sociedades naturais o cunho estrutural é dado pela presença da terra como meio de produção essencial, do território como valor-de-uso e da reprodução do homem e seus vínculos com a natureza e comunitários como determinação e objetivo do todo da organização societária. Nas sociedades históricas esse cunho é dado pela presença dos meios de produção como capital, do território como valor-de-troca e da reprodução da riqueza na forma do capital como determinação e objetivo da organização global da sociedade. A base da passagem de umas formas às outras é a transformação do território (a terra e seu domínio) de um valor-de-uso em um valor-de-troca. E é isso a acumulação primitiva, o processo que retira os homens de uma forma de vida e os lança à outra.

Três são, essencialmente, as formas de sociedade natural: a forma oriental, a forma antiga e a forma germânica.

A comunidade oriental (mais conhecida como modo de produção asiático) é uma forma de sociedade estruturada numa relação em que na base estão as comunidades de aldeia e no topo a comunidade superior, base e topo se articulando ao redor da produção e transferência de excedentes das comunidades de aldeia para a comunidade superior, tudo estruturado num governo despótico exercido pela comunidade superior. A terra é possessão coletiva (não há propriedade privada nem mesmo familiar) e o excedente é originado por uma atividade integrada de agricultura e manufatura, organizada de modo disperso no interior do território das comunidades de aldeia, que se obrigam ainda à prestação de serviços coletivos gratuitos à comunidade superior na forma de realização de grandes obras hidráulicas para o controle da produção e do meio ambiente. A cidade surge nos lugares favoráveis ao comércio com o exterior e como lugar de onde a comunidade superior exerce seu mando, funcionando como centro político de unificação e comando dos territórios das comunidades de aldeia.

A comunidade antiga (também chamada greco-romana) é uma forma de sociedade estruturada na coexistência da terra da comunidade (o *ager publicus*) e do latifúndio privado. A comunidade é uma reunião de camponeses individuais, proprietários em caráter familiar, de economia autossuficiente e obrigação de prestação de serviços militares à elite fundiária governante, via sua comunidade. A obrigação do serviço militar é a forma de excedente que os vincula ao todo da comunidade, a cidade encarnando a função militar do Estado. A cidade subordina o campo, não a aldeia, e tem a função de articular e integrar o todo do território das comunidades assim organizadas.

A comunidade germânica, por fim, é uma forma mista com traços da forma oriental e da forma antiga, com predomínio das características desta. A terra é também aqui um *ager publicus*, um bem coletivo distribuído entre os camponeses familiares. Mas o Estado é um ente ainda ausente, e a cidade, por conseguinte, um ente fraco. Predominam os laços e as relações de obrigação com a comunidade. A família camponesa é o centro de referência da organização comunitária, autônoma nas atividades da produção, em que a agricultura e a manufatura se unem em dispersão pelo campo.

Comparadas em suas estruturas, a afinidade entre essas formas é o vínculo estrutural com a reprodução do indivíduo em suas relações com a terra e demais condições naturais de produção e trabalho e a comunidade. Ao mesmo tempo, distingue-as o grau de relação individual do camponês nesses laços com a terra e as condições objetivas do trabalho dentro das relações comunitárias, quase ausente na forma oriental e muito acentuado na forma germânica.

A dinâmica estrutural dessas sociedades natural-comunitárias é a reprodução simples. E reside nesse horizonte o risco da sua dissolução. A finalidade da produção é a reprodução do indivíduo, suas relações com a comunidade e dentro dela com a terra e demais condições objetivas de produção e trabalho. Qualquer mudança estrutural que ocorra, tende a quebrar com esse equilíbrio relativo, colidir com os limites restritivos do horizonte reprodutivo e forçar sua mudança, colaborando para a desagregação e dissolução da relação comunitária.

Foi assim que acabou por surgir nas entranhas das formas antiga e germânica, mais propensas a esse surgimento, a reprodução ampliada, e, com ela, a finalidade da reprodução da riqueza, não do homem em seus vínculos natural-comunitários que lhes é característico, levando a uma transição ao capitalismo. Essa transformação se dá sobretudo ali, onde já existe o embrião da relação privada e da cidade, pronta para separar-se numa divisão territorial do trabalho e das trocas com o campo, duas características que vemos presentes naquelas duas formas. Em suma, tende a ocorrer onde a tensão entre as relações e forças de produção é já, por isso mesmo, intensa. E onde a reprodução ampliada vai, assim, encontrar base para emergir, evoluindo por expropriação e separação do homem em relação à natureza e a comunidade primitiva, e, então, crescer sobre a destruição e ruínas dos velhos vínculos natural-comunitários existentes.

A sociedade feudal é a forma histórica intermediária entre as sociedades pré-capitalistas representadas pelas sociedades naturais e as sociedades capitalistas representadas pelas sociedades históricas. Sendo uma sociedade agrária, insere-se ela no quadro da relação do homem com a natureza, que é atributo das "sociedades naturais", mas, dado o caráter das relações individual-familiares em termos de possessão da terra que tem na sua base, a unidade comunitária do trabalho e o seu vínculo com as condições natural-comunitárias da reprodução estão já quebrados. A separação entre o produtor e as condições da produção não está ainda de todo dada, mas a desvinculação das estruturas comunitárias e a presença individual do campesinato em face dos processos reprodutivos, que são o pressuposto do desenvolvimento inicial do capitalismo, já o estão. Por isso, é em seu seio que historicamente vai ser possível acontecer e efetivamente vai se dar a acumulação primitiva (uma situação análoga ocorre com a sociedade escravista).

A condição de passagem do pré-capitalismo (as sociedades naturais) ao capitalismo (as sociedades históricas) já está aí posta, portanto, contida como possibilidade na sociedade feudal. E tem por epicentro a separação entre o trabalhador e a propriedade das condições de trabalho, o produtor e os meios de produção, numa desvinculação radical do que nela ainda havia da relação do homem com a terra e demais condições naturais e a comunidade primitiva.

O ponto de eclosão é a emergência e o corte que separa em funções econômicas distintas e combinadas a cidade em relação ao campo, numa divisão territorial de trabalho e de trocas sob o comando da primeira, o que supõe a presença já proeminente das cidades e das trocas entre elas e o contexto mais amplo do que não é propriamente caracterizado ainda como campo. Juntos e superpostos ao campo e à cidade, igualmente se separam agricultura e indústria, propriedade fundiária e capital (comercial e industrial), correlacionados, respectivamente, com a gênese fundiária e a localização da manufatura e da grande indústria, e, assim, homem e natureza, numa dissolução dos vínculos ambientais e comunitários das sociedades naturais.

O processo é o conjunto de novas relações que surgem e levam a engendrar no campo a renda fundiária capitalista e na cidade a mais-valia industrial, fazendo com que o conjunto do espaço, com isso, se organize e se subordine aos interesses e ditames da reprodução ampliada do capital.

A renda fundiária capitalista vem da sucessão de transformações que ocorrem em simultâneo com o campesinato e a propriedade da terra. O campesinato se transfigura na dupla via que o leva à proletarização ou ao aburguesamento. A via da proletarização leva o campesinato a transferir-se e converter-se em trabalhador assalariado e reserva de trabalho na cidade. O aburguesamento (com passagem do campesinato pela experiência da propriedade domiciliar e pelo arrendamento de terras), por sua vez, leva o campo a organizar uma agricultura do tipo capitalista. Por seu turno, a terra é levada de um lado a converter-se de bem imóvel em bem móvel, tornando-se uma mercadoria, e de outro a subordinar-se à mobilidade do mercado de terras.

Já a relação da mais-valia industrial vem da formação e transformação da manufatura na fábrica, via revolução industrial, num movimento que se inicia fora e depois se interioriza na cidade. Primeiramente, ainda no estágio manufatureiro, a indústria se localiza no meio rural, em face da facilidade de aí dispor de matéria-prima e mão de obra e de encontrar na cidade a reação contrária das corporações de ofício. Neste começo está ligada ao mercado externo. Com o tempo, vai deslocar-se para ir localizar-se na cidade, quando já ligada ao mercado interno, cidade e campo se separando como parte da separação entre a agricultura e a indústria nessa realocação industrial.

A formação e o ordenamento ecológico-territorial capitalista

Tudo isso dá numa nova configuração ao arranjo do espaço, primeiro na forma de vários bolsões territoriais de produção e intercâmbio de mais-valia absoluta, até que num segundo momento tudo interage na abrangência integrativa da mais-valia relativa. Aí se juntam como eixos de arrumação do espaço a proletarização e aglomeração do campesinato nas cidades, a transformação da terra em mercadoria e a arrancada industrial com seu consumo generalizado da natureza e a desintegração das relações entre o campo e a cidade, vindo a formar a estrutura ecológico-territorial que conhecemos.

Jean Tricart: meios estáveis e meios instáveis em *Ecodinâmica*

Ecodinâmica é um livro publicado em 1977 a partir da transcrição de uma série de conferências proferidas por Tricart em 1975 no IBGE. Nesse livro Tricart retoma a teoria do meio ambiente como o resultado de um todo integrado dos seres vivos e a parte inorgânica do planeta, exposta em *Terra Planeta Vivo*, de 1972. Ele esmiúça a trilogia biocenose-morfogênese-pedogênese, que já apontara como núcleo de sua teoria de geografia integrada naquele livro, trazendo-a agora para detalhá-la no seu caráter ecossistêmico e nos efeitos de estabilidade-instabilidade ambiental que daí decorrem nos diferentes cantos da Terra, deixando mais claro por onde a seu ver geografia e ecossistema formam uma relação recíproca nos estudos ambientais em vista da ação do ordenamento territorial.

Rumo a uma recíproca abordagem de integralidade

A geografia física, diz Tricart, estiolou-se numa pulverização estéril cuja superação pode vir de uma abordagem que combine os conceitos de sistema e ecologia numa forma de reciprocidade de interação na qual se leve o que é da geografia física para a abordagem sistêmica e o que é da abordagem sistêmica para a geografia física, numa fertilização recíproca.

Se num plano da abordagem essa conceitualização retira a geografia física de seu atual estado de pulverização e de enraizamento no inorgânico, ao conferir-lhe um sentido sistêmico de realidade ambiental ao tempo que de processo de história natural que a concepção ecossistêmica resgata para o todo da natureza, num outro fornece à teoria ecológica a base de natureza inorgânica (morfogenética e pedogenética, em suas relações combinadas) de que carece, pondo nos termos dessa interação a base para o diálogo mais amplo do natural-humano que hoje se faz necessário e interessa à Geografia.

O ponto de partida é o conceito de meio ambiente como o resultado da interação entre a esfera dos seres vivos (em que se inclui o homem), de um lado, e a esfera do inorgânico, de outro. Tudo centralmente organizado com referência ao conceito ecológico de ecossistema. O conceito de ecossistema, criado – na verdade sistematizado – em 1934 por Tansley, refere-se à interação dos seres vivos entre si e com o entorno natural-social mais amplo, permitindo distinguir-se metodologicamente biocenose e ecótopo dentro do todo do meio ambiente. Sua vantagem é a visão estrutural-relacional do todo e desse todo à luz da diversidade dos campos de conhecimento que em face dele se entrelaçam, desde a teoria da termodinâmica, surgida na Física há cerca de 200 anos e da qual o conceito de ecossistema retira o essencial de seus fundamentos. Partindo da interação entre fluxos de matéria e energia, o conceito de ecossistema é uma captação dos fenômenos em sua interdependência, cada fenômeno compartilhando do encadeamento originado desses fluxos e podendo ser visto cada qual como um subsistema dentro do todo sistêmico.

As relações humanas também são entrecruzadas entre si e com o meio ambiente, situando-se como ser vivo igualmente dentro do todo ecossistêmico, mas com a propriedade de que, de tão antiga e dispersa pela superfície do planeta, as interações do homem com o meio fizeram a história do meio, sobretudo em face da presença da técnica, confundir-se com a do homem, hoje perdendo qualquer sentido distinguir-se meio natural de meio modificado pelo homem no planeta. Até porque a distribuição dessa interação acompanha a própria história do planeta, onde, sobretudo no quaternário, a sucessão das eras glaciárias e interglaciárias combina uma alternância de distribuição e redistribuição territorial de tipos de meio ambiente e suas paisagens e uma oscilação ambiental contínua na linha do tempo em todos os lugares da superfície terrestre.

O todo integrado e como ele se movimenta

Duas fontes de energia combinadas intervêm na constituição dos fluxos de integração ecossistêmica do meio ambiente: a energia da radiação e a energia da gravidade. Uma vez que a energia da gravidade é praticamente constante e uniforme na superfície terrestre, é a energia da radiação que mais conta na dinâmica ecossistêmica do meio ambiente. Entra aqui o realce do trabalho da fotossíntese. São as plantas, chamadas pelos ecólogos de produtores primários, a base da pirâmide trófica (ponto de partida das cadeias alimentares) e do equilíbrio do meio ambiente. Isso privilegia o papel do fluxo da energia solar na constituição da estrutura do meio ambiente enquanto um sistema.

Nessa estrutura, e em sua relação com o fluxo da energia solar pelo planeta, devem-se considerar o nível da atmosfera, o nível da parte aérea da vegetação, o nível da superfície do solo e o nível da parte superior da litosfera, que são as partes componentes da superfície terrestre e fazem dela uma biosfera.

Da energia solar que chega e penetra na atmosfera, parte retorna ao espaço cósmico e parte gera os fluxos de massas de ar, a energia da radiação agindo aqui de modo combinado com a energia da gravidade. O contato dessas massas de ar de temperatura desigual, por sua vez, provoca o fenômeno da condensação, originando as diferentes formas de precipitação. É a parte da energia luminosa que chega às folhas das plantas que vai originar a fotossíntese, processo por meio do qual as plantas absorvem o gás carbônico do ar, ao qual juntam os sais minerais absorvidos com a água do solo para produzir hidratos de carbono, assim formando a matéria-prima, geralmente calculada em calorias, que dá início à cadeia trófica por meio da qual as plantas passam sua energia para os animais herbívoros, estes para os animais carnívoros até chegar ao homem. Mas cabe às plantas também contrabalançar os efeitos das precipitações sobre os solos, evitando o impacto direto das gotas d'água e seu efeito erosivo, bem como ainda a ação dos ventos.

A planta absorve apenas 25% da energia solar que penetra e atravessa a camada atmosférica, parte da qual usa na realização da fotossíntese e parte na realização da evapotranspiração com que se protege do excesso de temperatura, retirando e elevando através de seu interior a água do solo e devolvendo-a ao ar em forma de vapor, gastando muita energia nesta ação de sentido contrário ao da gravidade. É toda a energia restante (75%) do espectro solar que vai participar da realização dos processos relacionados à morfogênese e à pedogênese, já considerada a ação da meteorização das rochas, que as inter-relaciona, numa combinação dos fluxos de energia da radiação e da energia da gravidade, de novo interligados.

Em todos esses casos, a energia flui, tomando por veículo o fluxo das águas, que pode seguir duas direções: a infiltração nos solos e o escoamento superficial. No primeiro caso, a água vai participar dos processos de evapotranspiração das plantas, da realização da fotossíntese, da meteorização e da pedogênese. No segundo, vai participar do processo de erosão, em que a morfogênese em geral atropela a pedogênese. Esses dois movimentos interagem, portanto, no âmbito do meio ambiente.

Os meios morfodinâmicos

O encadeamento desse conjunto de processos impulsionados pelos fluxos de energia da radiação e da gravidade é a essência ecossistêmica do meio ambiente, que, assim, diferencia-se na superfície terrestre em distintos âmbitos de recorte de espaço, ordenando a superfície terrestre numa diversidade de tipos de meios geográficos em cuja base está a combinação ecotópica de morfogênese e pedogênese, encimada pela ação de fitoestasia da formação vegetal que a recobre.

A morfogênese é um processo que ocorre na interface atmosfera-litosfera, onde faz par constante, porém espacialmente diferenciado, com a pedogênese, sob a mediação da vegetação (a presença da vegetação evita o impacto direto das gotas de chuva sobre os solos, articula o movimento das águas entre solo e ar por meio da evapotranspiração e inibe e controla os processos erosivos do escoamento superficial, interferindo na morfogênese a favor da pedogênese). Por intermédio dessa relação tríplice constitui-se a estabilidade-instabilidade do meio ambiente, a vegetação agindo como componente ecodinâmico fundamental do equilíbrio ambiental na superfície terrestre, por meio da fitoestasia (termo que Tricart prefere a bioestasia, por ser o papel central das plantas).

Podem-se listar três tipos de meio morfodinâmico: os meios estáveis, os meios *intergrades* e os meios instáveis.

Nos meios estáveis a pedogênese é mais ativa que a morfogênese, dado o lento movimento desta. O modelado evolui muito lentamente, deixando campo livre para o processo da formação do solo, que assim se move com mais desenvoltura. Este é o quadro em que a vegetação, partícipe igualmente importante desse ritmo combinado de movimentos, dele se beneficia e mais livremente se desenvolve e se aproxima da condição clímax, aumentando em contrapartida a estabilidade do conjunto a ponto de se poder falar de um modelado climácico. A fitoestasia então age em toda a sua plenitude. Além de limitar os efeitos dos processos mecânicos da morfogênese, a vegetação, quando é capaz, fornece detritos que alimentam a pedogênese. Esse balanço pedogênese-morfogênese, que de certo modo negligencia a morfogênese, subalterniza, por isso mesmo, o tempo a um segundo nível taxonômico e cria um meio geodinâmico de características próprias em diferentes regiões da superfície terrestre. Aqui se distinguem as regiões de meio ambiente de estabilidade já de longa duração, grosseiramente de há uns 10 mil anos, desde o holoceno, sobre as quais atuaram as oscilações climáticas dos períodos glaciares quaternários, assim combinando-se um modelado poligênico e paleossolos, estes evidenciados, por exemplo, nas linhas de pedra dos trópicos, e as regiões, mais raras, de estabilidade mais recente, também contextualizadas no quadro das eras da glaciação quaternária, onde a fitoestasia está combinada a uma longa fase de estabilidade tectônica.

Nos meios *intergrades* temos um estado intermediário de estabilidade em que morfogênese e pedogênese concorrem num mesmo patamar. A morfogênese age aqui com maior intensidade que antes, distinguindo-se, todavia, os casos em que é mais intensa a ação do escoamento, em que afeta apenas a superfície do solo, mantendo-se intacto o restante do perfil, e aqueles em que afeta toda a espessura e interfere na disposição dos horizontes, num e noutro caso sem que, entretanto, o processo de pedogênese estanque. O caráter de transição deste tipo de meio morfodinâmico decorre justamente da forte possibilidade de aceleração da morfogênese, lançando-o na condição de meio instável e num balanço negativo da relação morfogênese-pedogênese. Este é um caso comum nas zonas de transição biogeográfica, onde ficam mais soltos os parâmetros da fitoestasia.

Nos meios instáveis, por fim, é a morfogênese o elemento por excelência ativo, subordinando a pedogênese com seu ritmo mais acelerado e se impondo ao todo dos elementos ambientais. A origem dessa proeminência é diversa: a tectônica, a irregularidade climática, a degradação trazida pela ação humana. Tudo aqui ativa a morfodinâmica e conduz à rexistasia. O tempo está aqui presente no ravinamento crescente, na sobreposição das unidades geomórficas ao mosaico da pedogênese, na degradação da paisagem. Pode-se, no entanto, caminhar para a retroação, via generalização da escala do agravamento, ou para o estado do meio *intergrade*. Se as ravinas se ampliam e se conectam em rede, a instabilidade ambiental aumenta e se estende às terras situadas a jusante e nas circunvizinhanças, e o meio instável se difunde e se regionaliza nessa direção seguidamente. Se, porém, a rede do ravinamento se retrai ou se estabiliza, a pedogênese e a vegetação se recuperam e retroage-se para o meio *intergrade*.

A interação espacial e os princípios do ordenamento territorial

O conhecimento dessa ecodinâmica é necessário a uma prática eficiente de ordenamento territorial, por meio do qual se pode evitar, estabilizar ou recuperar danos criados ao meio. É quando a abordagem ecossistêmico-integrada mostra sua vantagem.

O recorte regional da ação territorial é o primeiro dado a se considerar. E a referência é a visão combinada das condições climáticas e da morfodinâmica na integralidade de sua interação ecológica. Um bom indicativo pode vir das observações agroclimatológicas, dada sua forte integração no quadro morfoestrutural (tectônica e litologia), na forma, por exemplo, de topoclimas e bioclimas, mesmo sabendo-se que as unidades morfoestruturais não coincidem com as regiões climáticas.

Segue-se a análise morfodinâmica, conduzida no sentido da interação morfogênese-pedogênese, considerando-se no estudo morfogenético as litovariantes (variações do fator litológico) e topovariantes (o vigor das dissecações), dado o papel da topografia nos processos morfopedogenéticos (gradiente das vertentes, valor dos declives, desnivelações e comprimento das vertentes). Importa, aqui, ver a repartição espacial dos processos internamente ao recorte regional, o grau de instabilidade morfogenética, a manifestação espacial da ecodinâmica (balanço da interação morfogênese-pedogênese-biocenose), a predisposição aos planos do ordenamento.

Em seguida vem a análise da influência das ações humanas, em particular pelos efeitos do uso do solo e da técnica, a repartição espacial da população e dos equipamentos, tendo em vista determinar as medidas de conservação-restauração do meio ambiente.

Por fim, vem a consideração do balanço da potencialidade dos recursos ecológicos, de modo a poder-se proceder aos planos do ordenamento – a água é um primeiro elemento. No ordenamento a atenção vai para os processos culturais capazes de maximizar e controlar o seu uso, como a prática da drenagem, do saneamento, da proteção das cheias, da irrigação. Mas vai também para a visualização dos seus vínculos com os processos da morfogênese e da pedogênese, atentando para o nível das suas relações morfoestruturais e do entrelaçamento de sua distribuição com a das unidades morfológicas. Um segundo elemento de consideração refere-se às condições ecoclimatológicas, tomando-se como referência o contexto climático regional levantado. Trata-se de dispor do mapa da escolha dos cultivos, da implantação infraestrutural, das medidas de correção. Fundamental nesse item é a feitura da carta dos solos, para a qual a carta morfológica é um pressuposto essencial. Uma vez que o solo em Geografia não pode ser visto em si mesmo, antes deve ser compreendido e apreendido em suas ligações com a vegetação e a morfodinâmica, também aqui se deve realçar a dimensão agrológica. O balanço da presença das ações humanas é também um dado essencial, uma vez que o quadro ecodinâmico dos recursos ecológicos só ganha sentido, e só desse ponto de vista se completa, quando visto no plano da interação humana, considerando a compatibilidade respectiva do papel e o formato das técnicas, da repartição da população, da infraestrutura e dos serviços com a natureza dos recursos.

A gestão do ordenamento pode, assim, ser vista. E esta far-se-á com base no quadro real do ecossistema do recorte regional do espaço considerado. Aqui é essencial que se tenha clara a compreensão das interações espaciais como um dado da ecodinâmica, em que, por modalidades de região, compreendidas do ponto de vista global dos entrelaçamentos, três situações podem existir: a região de produção (dotada de potencial produtivo), a região marginal (pouco apropriada produtivamente) e a região compósita (de potencialidade interna espacialmente múltipla). Embora se tenham situações reais demarcadas, as regiões são recortes espaciais que interagem, uma vez que a dinâmica territorial geralmente extrapola o perímetro de seus ordenamentos e inscrições, seja por seus componentes de fluxos, como o movimento territorial das correntes de energia, da água, dos materiais, da circulação das comunicações e transportes, seja por seus processos morfodinâmicos, a exemplo da evolução das linhas dos recortes e da natureza da relação em rede das bacias fluviais.

Aqui entram o papel da escala e, nessa medida, a necessidade e o valor vital das cartas, em vista de uma cartografia ecodinâmica qualitativa.

É no quadro dessas regionalidades e interações espaciais que melhor se manifesta o caráter de uma interação triangular biocenose-morfogênese-pedogênese do todo ecossistêmico-ecológico, melhor se evidencia o papel de base (um ecótopo) do meio morfodinâmico, enquanto uma relação espacial de morfogênese-pedogênese, que daí se ergue em determinação para condicionar o todo do ecossistema, e melhor se concretiza a função de fitoestasia da vegetação, em sua ida-e-vinda entre o plano da biocenose e o do ecótopo, nesses termos dinâmicos se ordenando o todo.

Milton Santos: sociedade e espaço em *Por uma geografia nova*

Por uma geografia nova: da crítica da geografia a uma geografia crítica é um livro de 1978. Nele, Milton Santos busca criar uma teoria de Geografia que seja uma teoria social geral do espaço. Quase metade do livro é dedicada, assim, à crítica do discurso geográfico clássico, daí o subtítulo, e a outra metade se voltando para os elementos de fundação de uma nova teoria.

Uma teoria do espaço, uma teoria da Geografia

O espaço é o resultado de um processo no qual o homem, a produção e o tempo exercem o papel essencial. É a totalidade na qual o homem organiza o seu modo de vida e, ao mesmo tempo, a parte que organiza o todo nesses termos. E é assim, porque é um produto, um resultado das interações globais do homem em sociedade.

O espaço é um dentro e um fora da história que, ao mesmo tempo, dela vem e a ela retorna, numa relação de ida-e-vinda de produção recíproca sem fim. E isso faz dele um fato, um fator e uma instância.

O espaço é um fato social, isto é, uma categoria da realidade objetiva, externa e envolvente e que, como tal, se impõe de fora à nossa consciência, seja ao indivíduo, seja à sociedade como um todo. Isso faz dele uma mesma realidade para todos os indivíduos, ainda que percebido diversamente. Sua existência está associada à sua produção social na história e só pela práxis pode ser apreendido por nossas sensações e percepções e, então, concebido e atingido o seu conhecimento. Dada essa condição, o espaço se altera toda vez que ocorre uma mudança estrutural, técnica ou na história, e, por isso mesmo, sua interpretação não pode ser feita fora das relações sociais e históricas que o definem.

O espaço é um fator social, isto é, um elemento de determinação. Uma vez produzido pela história, o espaço passa a condicionar a ação dos homens através de sua configuração. Surgido como um campo de forças sociais, o espaço se torna uma determinação através de seu quadro geográfico de localizações, dado o seu poder de fazer reproduzir as linhas de força das estruturas vigentes e consecutivas das sociedades por meio dele organizadas, influindo na própria montagem das novas configurações através do traçado das configurações iniciais. Produto das necessidades dos homens de dar permanência à estrutura e organização das suas sociedades na história, o espaço reverte sobres estas, que assim se veem contingenciadas a reproduzir sua estrutura e organização na conformidade da reprodução do seu próprio padrão espacial de existência, o que faz do espaço uma inércia espacial, um prático-inerte, uma rugosidade, um elo de reprodução em suas relações com a sociedade. Isso não significa estagnação, impedimento ou freio ao fluxo de mudanças contínuas do real-concreto na história. Ao contrário, o espaço intervém no sentido de organizar o desenvolvimento, propiciá-lo a realizar-se condicionado e estruturado segundo um ritmo de mudança e temporalidade objetivamente determinado, o que pode fazer dele a prisão do homem ou a alavanca de sua ação potencializada, uma contrafinalidade ou uma base de efetiva libertação da necessidade.

Por fim, o espaço é uma instância, isto é, uma estrutura autônoma ao lado das outras que, juntas, compõem a sociedade como uma totalidade estruturada, contraditória e dinâmica na história. Tal como as outras relações, a estrutura espacial é uma instância que trava com as relações técnicas de reprodução (estrutura tecnoprodutiva), as relações sociais de produção (estrutura socioeconômica), as relações políticas e jurídicas (estrutura jurídico-política), as relações ideológicas e culturais (estrutura ideológico-cultural) um quadro de relações de interação de natureza a um só tempo sincrônico e diacrônico, interatuando num ritmo desigual e combinado, ora como estrutura subordinada, ora subordinante na relação com as demais.

Essas três características, que levam a distinguir-se o espaço por suas qualidades funcionais e sistêmicas, fazem dele uma formação socioespacial cuja peculiaridade é ser, por seu sentido histórico, uma totalidade que é maior que a soma de suas "partes" e cuja relação com a sociedade é uma interação dialética de subordinado-subordinante, reproduzido-reprodutor em seus movimentos dentro e fora dela.

Essa relação do espaço de estruturado-estruturante com a totalidade deriva da forma específica que assume de condição de reprodução do todo, decorrente de expressar-se na história como uma base material de caráter permanente, na forma de benfeitorias do solo, das construções, dos meios de circulação, comunicação e transportes, em suma, dos objetos espaciais que dele fazem uma inércia dinâmica

– característica que leva a podermos vê-lo como o passado no presente e pronto a intervir na construção do futuro.

A natureza natural e a natureza socializada

A reprodução da produção da vida põe em linha de ligação espacial direta a relação do espaço com a natureza, uma vez que é do amálgama da relação homem-natureza com o espaço que vem a possibilidade da produção contínua e sempre ampliada da vida. Isso porque a disciplina e o caráter de cooperação da transformação da natureza em vida implica uma disciplina de organização espacial paralela e pertinente.

A produção é um ato de repetição da relação homem-natureza, o que significa a dependência de uma ordem espaciotemporal organizada, específica, suficientemente plástica, de sorte a orientar a reprodução da produção sem solução de continuidade para a permanência da relação do homem com a natureza, consideradas as mudanças temporais. Uma planta nova que se domestique pede uma forma nova de comando do tempo; um animal que se incorpore ao trabalho é uma mudança na distância-tempo; uma nova técnica que se aplique à produção, num aumento no ritmo da produtividade, é uma economia de parcelas de tempo; e quando o tempo muda, alterando a repartição dos tempos, muda o arranjo das configurações, a dialética da espaciotemporalidade. Daí decorre que o espaço surja como uma segunda natureza. E que a primeira e a segunda natureza interajam dentro da continuidade da relação homem-meio.

A totalidade

Temos a história, assim, como a totalidade da relação sociedade-natureza em movimento. E, nela, o espaço como uma determinação e o homem como sujeito. A cada vez que mudam as formas da cooperação, mudam as formas da relação do homem com a natureza, os modos de reprodução, as regras e normas de determinação da configuração do espaço.

Quando, por exemplo, o excedente surge na história, com ele a mercadoria, e com a mercadoria a moeda, a antiga configuração do espaço tem o equilíbrio rompido e deve mudar – e muda. Isso porque se introduz na ordem espacial existente uma outra forma de repartição da terra cultivável, um novo modo de circulação do transporte, de comercialização, de transmissão de ideias, de cooperação. E esse exemplo se repete no tempo a cada vez que há renovação da técnica e da produção.

A novidade do nosso tempo é a concomitância da ordem ideal e da ordem planetária da totalidade. Nos fins do século XV inicia-se a formação do espaço total, o espaço mundialmente solidário de hoje. Uma nova noção de ecúmeno, vinda da nova natureza das relações intrassociais e entre sociedades que se sobrepõe à antiga diversidade dos *habitats*, assim se impõe.

O Estado, unidade de integração do espaço total, é então mobilizado para ser o elo intermediário das interações e trocas entre os subespaços, agindo como a instituição que articula o modo como as forças externas se internalizam e as internas se externalizam e são chamadas a intervir. O resultado é um espaço mais complexo. A divisão do espaço global nos subespaços do Estado-Nação, a integração global desses Estados por meio de estradas, pontes, postos avançados e cidades artificiais, a especialização e a escala produtiva da divisão territorial do trabalho aumentam a importância dos recursos imóveis – objetos espaciais cada vez mais volumosos e mais fixos –, enrijecem o esqueleto do próprio espaço, sobrepõem o dado político ao econômico da reprodução da produção da vida, e o espaço, então, organiza-se numa escala de interdependência a um só tempo vertical e horizontal entre o lugar e o mundo.

Yi-Fu Tuan: corpo e corporeidade espacial em *Espaço e lugar*

Espaço e lugar: a perspectiva da experiência é um livro de 1983 (a edição original norte-americana é de 1977). Tuan o escreve com o intuito de dar um tratamento mais teórico e conceitual ao caráter que dera à *Topofilia*, livro de 1980 (edição original de 1974). Em particular, parece-lhe que as categorias do espaço e do lugar não receberam o tratamento de tema central que pensara dar-lhe, assim o reescrevendo. Mas ao fazê-lo viu que havia escrito um novo livro, centrado na experiência corpórea como fundamento espacial da Geografia.

Corpo e espaço

O espaço, diz Tuan, é um produto de nossa relação de corpo com o entorno. Remete e refere-se a nossas experiências corpóreas de sensação, percepção, impressão e imaginação em sua combinação necessária com a ação da mente e do pensamento. Tudo entendido como uma relação de subjetividade em cujo centro está a significação. É nesse quadro que diferem espaço e lugar: sendo espaço o mais amplo e impreciso, e lugar o espaço do imediato vivido, ao qual atribuímos valor e onde encontramos uma sensação de estado de estabilidade e permanência – e é nesses termos que se pode falar de sentido de lugar.

Em nossas relações de experiência com o entorno surge primeiro a noção de espaço, algo referido aos sentidos de nosso corpo, ainda vago, abstrato e genérico, que, a seguir, se torna lugar, à medida que o conhecemos melhor e o dotamos de valor através de seu significado para nós. À diferença do espaço, é com a linguagem simbólica do imediato que o lugar se exprime e fala. A experiência do lugar remete à noção do espaço e a vivência deste à noção do lugar, num processo por meio do qual o conhecido e identificado se torna o vago e imaginado.

Este fato, comum às nossas experiências, é o tom da relação de universalidade do homem em todo e qualquer contexto, o espaço e o lugar vindo do entrelace com a cultura, e universalidade e cultura se juntando como opostos recíprocos para se amalgamar numa combinação ao mesmo tempo comum e diferenciada no âmbito do vivido. Assim podem-se ver combinadas as sensações de amplidão, de ameaça e de liberdade que nos vêm do espaço, e de segurança, permanência e estabilidade que nos vêm do lugar.

A experiência é um ato de inteligência em que se interligam sentimento e pensamento, numa relação que orienta nossa cognição e estrutura no que chamamos de mundo. Não como uma equivalência de subjetividade e objetividade atravessada pelo conceito, mas como um *continuum* experimental mediado pela sensação, percepção e concepção, uma tríade em que, caminhando-se da primeira para a última, caminha-se para o pensamento, e no sentido inverso caminha-se para o sentimento. A significação e o simbólico, não o conceito, organizam o mundo em termos de espaço e lugar.

Voltada para o mundo exterior, a experiência dá-lhe o significado que extravasa do interior. E o exterior arrumado pela mente por meio do pensamento orienta nesse significado a ação corpórea do homem, dando-lhe o sentido de espaço e lugar que o organiza geograficamente. Assim combinam-se na experiência ver, sentir e pensar, enquanto dados constitutivos do espaço como lugar da vivência.

É nesses termos de entendimento que a visão, o olfato, o tato e o paladar, sensações corpóreas da percepção, levam-nos a atuar sobre os dados e, por este meio, a compreender e organizar o entorno como espaço. Mais que um registro da ação da luz sobre nosso corpo, a visão é um processo seletivo que distingue e demarca as coisas e, assim, fornece-nos a noção de distância. O paladar, o olfato e o tato dão à sensação do espaço um estado mais discernível e de refinamento. Combinados, esses sentidos da percepção corpórea transformam a sensação do espaço num estado de estrutura espacial através da mente. Assim, conduzem à constituição do entorno sensível e mentalizado pelo pensamento como mundo, uma vez que mundo sugere um todo estruturado como espaço. Se a visão discerne a distância no percebido, o olfato, via a difusão dos odores, diz do sentido do arranjo, o tato induz à ideia da extensão e a audição, captando o movimento ondulante do som, indica direção, distância, arranjo, extensão e deslocamento.

A cinestesia completa o quadro da sensação do espaço. Esticar as pernas e os braços, andar, ouvir, falar, deitar-se ou ficar de pé são experiências espaciais. O fato é que nosso sentido referencia o corpo, como um todo. Por seu intermédio, o entorno se orienta espacialmente, mentaliza-se e organiza-se como mundo, organizando nossas ações e comportamentos – e o corpo humano tira essa propriedade de construir o espaço da sua posição ereta. É em face dessa posição que o entorno de imediato se organiza numa relação de opostos espaciais, formando-se o conjunto dos eixos de orientação frente-trás e direita-esquerda em relação aos quais as coordenadas vertical-horizontal, em cima-embaixo, frente-costa e direita-esquerda se deslocam do corpo, dele extrapolando para dar conteúdo ao espaço. E esse esquema corporal articula e assim organiza o espaço, deixando o homem propenso e em condição de agir. Em consequência, um giro do corpo refaz a referência da orientação cartográfica por meio da redistribuição do movimento dos arranjos, mudança da posição do corpo redefinindo a direção, localização e distância, e, assim, a configuração geográfica do espaço-tempo.

A experiência então se desloca da percepção sensória para a abstração da mente, a caminho da imaginação e do pensamento, que a qualifica e sistematiza.

Os sentidos culturais do espaço

O espaço em contrapartida dá realce ao corpo do homem. É do corpo humano que se fala quando se diz que o corpo organiza o espaço. Diferentemente do corpo das coisas, que apenas estão ou ocupam espaço, é o corpo do homem que está, ocupa, habita, dirige e cria o mundo através de sua relação de espaço. Esse é o sentido da expressão de Protágoras, para quem o homem é a medida de todas as coisas.

A cultura vem dessa relação corpo-espaço, numa interação em que aquela se reverte a esta, na variação que traz para o esquema espacial, segundo a linguagem dos significados com que este se arruma, cada cultura arrumando o esquema espacial como força objetiva e subjetiva na medida das experiências locais de vida.

A noção de centro é uma dessas manifestações da cultura. Todos os povos antigos põem-se como centro das relações e organizam o que entendem por mundo nessa referência. O topo é uma noção correlata. Todo um simbolismo religioso e cartográfico deriva dessa centralidade, organizando a concepção e a relação geográfica desses povos.

Daí é que vem a percepção de meio ambiente, sempre relacionado à percepção da espaciosidade e do apinhamento, isto é, do sentido da extensão e da densidade.

A espaciosidade remete à sensação da liberdade de ocupar e mover-se no espaço. É a sensação que sentimos quando andamos de bicicleta ou de carro, quando por meio destes vencemos os constrangimentos da gravidade. É também, por outro lado, a sensação do aberto e insondável que tememos e nos induz ao estado de conforto, permanência, segurança e estabilidade que transforma o espaço no lugar. Lugar e espaciosidade surgem, assim, como os opostos, ao contrário do espaço. O espaço traz-nos a sensação da liberdade e o lugar a da segurança, num estado de ânimo a mais das vezes antitético. Porém, são estados contraditórios, dialéticos, não propriamente termos reciprocamente excludentes. Tudo depende da percepção ambiental da cultura. A espaciosidade aberta da pradaria norte-americana leva ao *farmer* a sensação da oportunidade e liberdade, ao passo que a marcada pela imensidão e indiferença da natureza do leste siberiano traz ao camponês russo a sensação do temor e da opressão.

O apinhamento, ao contrário, remete à sensação da alteridade indesejada, ao convívio em que o olhar do outro tira-nos a privacidade e nos incomoda. E nesse estado de sensação que divide e individualiza o espaço, mas também leva os jovens a migrar do interior para a cidade grande, onde a despeito do apinhamento, e por isso mesmo, a vigilância do olhar do outro se atomiza e se desfaz, o espaço se restringe, mas, por outro lado, o mundo também se amplia.

Daí também é que vem a forma de interação de habilidade e conhecimento. A habilidade espacial antecede o conhecimento e o conhecimento espacial amplifica a habilidade, mente e pensamento se combinando à percepção dos ambientes de cultura. A apreensão mental vem depois e na esteira da percepção corpórea, porém uma vez formulada nos símbolos da significação, vira pensamento. Pode-se dizer que, enquanto para a mente o espaço é uma experiência externa do corpo, para o pensamento é como se o corpo estivesse dentro do espaço, orientando-nos, a partir daí, numa relação reversa com o próprio corpo geograficamente. Guiar a grandes distâncias no ir-e-vir do trabalho é um exemplo de como somos orientados na relação de mente-pensamento em nossas relações de espaço. Frequentemente nos conduzimos na estrada por puro automatismo, sem que a habilidade espacial dependa, por intuição, do conhecimento. Mas sabemos como o conhecimento produzido pela sistematização da mente, numa relação de sentimento-pensamento, potencializa e organiza nossos movimentos. É quando entra a importância e a relativa dependência humana do mapa, dado o fato de sermos conduzidos por nossas relações cinestésicas e perceptivas, antes de conduzidos pelo mapa. Por sermos dotados de um sentido intuitivo de direção, somos conduzidos antes pelo mapa intuitivo e mental que pelo mapa formal dos cartógrafos.

As formas de espaço

Três formas de espaço se distinguem nessa relação de experiência de corpo-mente: o espaço mítico, o espaço cosmológico e o espaço humano.

O espaço mítico é de dupla manifestação. Avulta primeiro o mito habitando a interface do conhecido e o imprecisamente conhecido (o lugar e o espaço), onde o ponto espacial evidencia o centro e o topo do cosmo, referenciando a presença espacial no imaginário do homem. Assim surgem as regiões do fantástico do ontem e o espaço da nação do hoje, ambos espaços a um só tempo do impreciso e do empírico, porém funcionais por seus significados concretos. E surgem também as narrativas do encontro da Terra e do cosmo como origem e morada do homem. A segunda modalidade de espaço mítico é aquela em que o corpo surge como a dimensão micro e o universo como a dimensão macro, microcosmo e macrocosmo sendo referenciados integrativamente como o espaço humano em que o homem é, por seu corpo, a imagem do cosmo, e o universo é a projeção maior, cósmica, do corpo humano, o espaço mítico se desdobrando no espaço cosmológico.

O espaço cosmológico se confunde ao tempo que se separa do espaço mítico. Situado simultaneamente dentro dessa relação do espaço mítico-cosmológico, o homem extrai dela a tradição do seu discurso geográfico genérico. O espaço mítico se ordena no centro/topo e o orienta na perspectiva da rede das coordenadas, da organização geográfica das forças da natureza e da sociedade, associando essa organização com as localidades e o ordenamento de pontos localizados dentro do sistema espacial. Sistema espacial que serve, por sua vez, de base à ideia de organização do universo, através das ordens de classificação dos seus elementos compósitos, evidenciando e configurando nessas ordens os objetos em grupos de paisagens, e transformando com base nos objetos o espaço em lugar, o espaço se subordinando agora em sua configuração e estrutura do impreciso à configuração dos lugares significantes. Daí surgem noções como morada dos deuses, dos mitos e dos homens, que norteiam o sentido e a explicação das coisas.

É nessa arrumação da ordem que ganha seu papel o espaço arquitetônico, o espaço humano, lugar de morada empírica e efetiva do homem enquanto materialização empírica e efetiva da noção de estado do meio, o centro/topo posto como escala das configurações. É no espaço arquitetônico que se exprimem como paisagem as configurações imaginárias do espaço mítico e do espaço cosmológico. É o que acontece quando o homem constrói seu abrigo: por este e na construção deste, o homem aperfeiçoa sua sensação de espaço e modifica seu corpo, construindo e transformando o espaço no seu meio ambiente. Sobretudo, o espaço nasce aqui como uma relação de interior-exterior, espaço fechado-espaço aberto, onde, novamente, identificam-se, para se diferenciar, lugar e espaço, respectivamente. A partir daí, é o espaço arquitetônico que, simbolizando o mítico e o cosmológico na forma concreta das construções de morada, compõe o espaço do homem, criando o vivido, direcionando a sua sensibilidade e organizando o seu espaço simbólico.

Tempo, espaço e lugar

Se o sentido do espaço vem de nele podermos ou não nos mover, de uma sensação de espaciosidade ou de apinhamento, o sentido do tempo vem das fases de calma e tensão que vivemos nesse espaço, sensações estas – de calma ou tensão – que o próprio movimento no espaço resolve. Tempo e espaço assim se encontram. Daí que no presente entendamos tempo como distância de espaço, numa reiteração moderna do entendimento das sociedades indígenas americanas do passado como a relação de distanciamento que separava os homens em lugares distantes, pouco comunicáveis e nos quais as notícias chegavam já vencidas, ou da sensação que pinturas de paisagem nos infundem do passado e futuro, passado de onde viemos e futuro para onde vamos, representados no visual de uma estrada que se lança na linha do horizonte.

Por outro lado, se o lugar vem do permanente, estável e seguro, o tempo vem da sensação que nos transmite de pertencimento, topofilia, amorosidade, afetuosidade que demora a se cristalizar. Isso porque o lugar vem de um significante – pode ser o colo da mãe para o bebê, um ponto de parada para vivência ou descanso antes da retomada do deslocamento de um povo nômade, ou então um bairro novo na cidade, para onde acabamos de nos mudar. Para tudo isso, há que ter o tempo do nascimento do sentido recíproco de pertencimento. E nesse movimento de tempo sempre é um algo, um objeto espacial, como as esquinas do bairro, que serve como referência de nossa experiência de conhecimento e de deslocamento, que acelera o momento do tempo, através da visibilidade do espaço que oferece.

Seja como for, esse sentido de espaço-tempo encarnado no objeto implica uma experiência íntima com o lugar, numa relação de encontro de subjetividade que de lugar se transfigure em noção de tempo, o tempo-lugar, que tem semelhança com o tempo a que remete o espaço cuja relação de proximidade-distância configura as noções de passado, presente e futuro.

Yves Lacoste: escala e diferença em *A geografia: isso serve, em primeiro lugar, para fazer a guerra*

A geografia: isso serve, em primeiro lugar, para fazer a guerra é um livro de 1977 (a edição original francesa é de 1976) a que se seguiram duas reedições sempre com versões novas. A segunda edição, de 1982, foi ampliada de um volumoso prefácio no qual Lacoste anuncia algumas reformulações de entendimento, em particular no que se relaciona à obra e posicionamentos de Vidal de La Blache. A terceira, e definitiva, de 1985, foi inteiramente reescrita para absorver no corpo do texto o conteúdo do prefácio da segunda, aproveitando Lacoste para adendar ao final um conjunto de cinco textos vindos de palestras e publicações na revista *Herodote*, por ele dirigida, que em nada alteram o livro original de 1976, chegado ao Brasil na edição de Portugal de 1977. A edição brasileira, que aqui utilizamos, data de 1988 e é uma tradução da terceira edição francesa.

Um saber estratégico nas mãos de poucos

A evolução histórica, diz Lacoste, fez da Geografia um saber marcado pela bifurcação. Até o século XIX vige a geografia fundamental, isto é, a geografia dos estados maiores, diga-se hoje do Estado e das grandes firmas, quando, então, torna-se saber de caráter universitário, mudando de conteúdo e dando origem à geografia dos professores. Desde então se tornam duas as geografias: uma, a geografia dos estados-maiores, definindo-se por manter-se como um saber que referencia o valor estratégico do espaço nas mãos do Estado e das firmas; outra, a geografia dos professores, definindo-se por um perfil acadêmico, voltada para a pesquisa universitária e a formação de professores das escolas, vindo a ganhar no reconhecimento do público o *status* da forma da geografia moderna que supera e sepulta a primeira.

É essa geografia dos professores que hoje se esgota como forma de ciência, destinada a mudar ou perecer diante do desinteresse dos alunos universitários e do próprio público de quem espera prestígio e reconhecimento, pois quem se interessaria por um saber descritivo, de utilidade indefinida e enfadonha e que a nossa memória só retém como uma lembrança dos tempos de escola?

Só hoje, e por decorrência da crise, em face do retrospecto histórico que o próprio estado de crise recomenda, percebe-se dever-se ela ao esvaziamento do caráter político – um saber estratégico – que sempre fora seu elemento característico, abandonado pela academia em troca de um projeto de perfil científico e deixado como privilégio da geografia dos estados-maiores.

Todavia, é essa geografia centrada nos verbos enumerar, descrever e memorizar que vemos esgotar-se como forma de saber, e não a geografia fundamental, cada vez mais praticada pelo Estado, as firmas e mesmo os múltiplos segmentos da sociedade através de suas práticas espaciais, quanto mais saber-pensar o espaço se torna um campo de domínio intelectual necessário. Até porque os elementos tomados como atributos identitários, em particular aqueles referidos à leitura e deleite descritivo da paisagem, são hoje tomados para si pela geografia do espetáculo representado pela mídia, pondo o cinema, as revistas, os jornais e a TV num plano de exploração da estética paisagística concorrente com o professor em sala de aula.

No fundo, é este paradoxo do papel atual assumido pela imagem, brandida como face nova do mundo pela mídia a todo momento e em todos os lugares, que faz da paisagem-imagem um aspecto central da ideologia e da política, e do seu intérprete, em princípio o geógrafo, um intelectual necessário, e assim atinge em cheio a geografia acadêmica. A neutralidade política, proclamada como científica por essa geografia acadêmica, é quem a derruba agora.

Não basta, entretanto, retomar os fundamentos da geografia original de antes, sem ultrapassá-los no seu caráter de Estado e empresarial, e desenvolvê-los naquilo que forma seu cunho analítico por excelência, o saber-pensar o espaço como uma complexa superposição e entrecruzamento de interseções de níveis de escala.

A espacialidade diferencial

Saber-pensar o espaço é vê-lo e analisá-lo como uma combinação de níveis de representação, isto é, ao mesmo tempo integrado e diferenciado por seus níveis de conceituação. Vê-lo e analisá-lo, pois, como uma espacialidade diferencial.

A estrutura e a apreensão da espacialidade diferencial partem das configurações espaciais dos fenômenos – geológicos, climáticos, demográficos, sociais, econômicos, culturais etc. –, cada qual formando um conjunto espacial, e não coincidentes uns com os outros em suas extensões e demarcação de seus contornos territoriais, e, por isso, formando em suas respectivas superposições e correlações mútuas uma série de interseções complexas.

A análise desse complexo de interseções começa pela observação precisa da configuração, extensão e contorno cartográfico de cada forma de conjunto espacial particular. Cada conjunto fornece um conhecimento parcial da realidade, mas é por meio de suas correlações que o real global vai aparecendo em toda sua complexa diversidade. As coincidências, parciais ou totais, da superposição dos elementos e dos contornos indicam possíveis correlações, isto é, relações de causalidade, devendo-se, entretanto, levar em conta que o entrecruzamento do todo dos conjuntos espaciais é uma superposição de vários quebra-cabeças, por serem bem diferencialmente recortados em suas respectivas territorialidades, a relação de causalidade sendo em geral mais a exceção que a regra, e assim servindo como indicação de hipóteses explicativas, tendo sido a inobservância dessa não-coincidência a origem de muitos enganos nos trabalhos de análise de espaço em Geografia.

Segue-se a escolha do nível de análise, a partir de cujo olhar observante far-se-á a reconstituição da espacialidade diferencial conjunta e na medida do propósito conceitual – o espaço de conceituação – da reconstituição. Assim, a escolha das formas de relevo orienta a intenção de olhar a paisagem a partir de e com referência no que de hábito se entende na geografia acadêmica por sua arquitetura, diferente da arquitetura socioclassista que se vê quando se escolhem as formas internas da cidade. Isso transforma o nível de análise num nível de conceituação e transforma também os diferentes planos do olhar da espacialidade diferencial, e a própria espacialidade diferencial como um todo, num conjunto de níveis correlacionados – níveis de observação, níveis de representação e níveis de conceituação –, confundidos e desdobrados em suas relações recíprocas, o todo da espacialidade diferencial se definindo e aparecendo como um espaço de conceituação.

Em termos práticos, pode-se imaginar o processo cartográfico em algo parecido ao que tem sido o processo habitual de elaboração de cartas na Geografia. Projeta-se no papel de folha transparente cada conjunto espacial, já de antemão se sabendo estar lidando, para cada conjunto, com contornos espaciais não-coindicentes, mais ou menos vagos e com uma configuração de elementos que já em si guardam uma série de relações mais ou menos complexas. A seguir, e em função do nível de análise previamente escolhido e definido como espaço de conceituação, faz-se a superposição de todas as folhas, resultando em um todo de imagem confusa para a maioria das pessoas, dada a extrema desigualdade entre si dos tamanhos dos conjuntos espaciais. Por não corresponder o visual a suas práticas espaciais cotidianas, o nível de análise/espaço de conceituação escolhido irá então aclarar e classificar a prática em diferentes escalas de espaço de conceituação, de acordo com o andamento processual de suas ações e necessidades, a exemplo de um piloto de avião que adequa a escala (tamanho e visual) de sua prática da espacialidade diferencial de acordo com o momento de decolagem (escala grande), ponto de atingimento da estabilidade do voo (escala média) e auge de altitude alcançada (escala pequena), invertendo o jogo escalar no sentido contrário de aterrissagem. Daí a necessidade da espacialidade diferencial ser representada em cartas de diferentes escalas. É o que acontece com os cidadãos em suas diferentes fases do cotidiano, cada forma de prática espacial remetendo a um quadro do espaço de conceituação diferente, a exemplo de um dia de atividades no espaço urbano. Ou como acontece com nossas análises intelectuais das estruturas da sociedade em que vivemos. Cada nível de recorte estrutural é um nível de escala do espaço de conceituação integral – por exemplo, a sociedade capitalista –, cada qual sendo um quebra-cabeça, correspondente a um nível de representação construído por uma escolha de nível de análise ditada pela práxis de nossas ações espaciais cotidianas, e o todo da prática espacial cotidiana um movimentar-se entre essas diferentes qualidades de escala.

Toda mudança de escala é, entretanto, uma mudança de qualidade nas relações vividas no quadro da espacialidade diferencial. Cada mudança de escala corresponde a uma mudança de nível de qualidade no complexo de relações dentro do espaço de conceituação, de modo que, mover-se dentro da espacialidade diferencial é saber articular escalas de representação e tamanho de espaço representado (ordem de grandeza), combinando a dimensão qualitativa com a dimensão quantitativa com competência. Isso se deve ao fato de que as escalas pequena e grande não são mais que noções relacionais, não dimensões cartográficas e conceitos de espacialidade em si e absolutos.

Uma carta de 1/200.000 é de grande escala se comparada a uma outra de 1/10.000.000, mas de pequena escala se comparada a uma de 1/20.000. O nível de detalhamento ou de generalização é relacional por ser matéria de comparação. Mas, por outro lado, se são todas elas cartas de um mesmo espaço de conceituação – se são todas cartas da França, por exemplo – o espaço de conceituação permanecerá sempre o mesmo, independentemente da variação quantitativa da escala. Diferente seria se essas cartas representassem a França, o continente e o mundo, espaços de conceituação diferentes, em que a diferença de espaço de conceituação e escala das cartas necessariamente se acompanham e se correspondem. Há, assim, que saber-se distinguir e combinar cartograficamente na representação da espacialidade diferencial o complexo dos níveis de representação, que remete aos níveis de análise, portanto ao espaço de conceituação que os determina e antecede, e dos níveis de escala com que a prática espacial os expressa, como no exemplo do piloto do avião, e o grau de detalhamento ou de generalização dos elementos das configurações dos distintos conjuntos espaciais entrecruzados nas escalas, que remete às ordens de grandeza.

Seja como for, tudo segue a intenção, enquanto tal sempre política, no sentido de interessadamente compromissada em sua escolha, que explicita e orienta a escolha do nível de análise, o que remete, por sua vez, insista-se, ao espaço de conceituação (aquilo que se quer representar e ler no mapa e através dele), e, então, do olhar por meio do qual se quer exercitar a ação da prática espacial à luz do saber-pensar o espaço que a boa prática implica.

Tudo isso significa um caráter do olhar, mas também de historicidade. Cada época da história humana é uma época de forma de prática espacial e, por conseguinte, de espacialidade diferencial.

No passado, quando os homens viviam num sistema social de autossubsistência aldeã, a prática espacial vinculava-os a uma totalidade espacial em caráter integral, embora nos marcos de uma extensão territorial limitada. As práticas espaciais se inscrevem num pequeno número de conjuntos espaciais, cada qual de extensão demarcada por uma dezena de quilômetros, fortemente indissociados no todo do âmbito paroquial. Para além desse limite, ficava o desconhecido, o espaço mítico e imaginado, alimentado pela própria forma mítica como os homens se relacionavam com o entorno próprio e conhecido. Esse âmbito e a característica da prática espacial determinavam a forma da representação e se encaixavam na ideia do espaço da conceituação. Só os chefes de guerra e do Estado ultrapassavam esses limites, física e conceitualmente, com apoio nos mapas de pequena escala, feitos por seus geógrafos-cartógrafos, nos quais o espaço de conceituação alcançava um raio muito mais amplo e a terra era enfocada em diferentes níveis de representação.

A história do presente oferece um quadro de prática espacial e de espaço de conceituação oposto àquele do passado. A estrutura da sociedade é cada vez mais diversificada e complexa em sua multiplicidade de relações e os homens lidam em suas práticas espaciais com toda uma complexidade de níveis de representação infinitamente mais numerosos, dados os fatos como o desenvolvimento das trocas, da divisão do trabalho, do tamanho e crescimento das cidades, do circuito da circulação. A teia das relações sociais é, assim, igualmente múltipla quanto às distâncias e vem acompanhada de uma prática espacial multifacetada que divide o todo do espaço de conceituação em diversas escalas. Esta espacialidade diferencial, assim diversificada e complexa, penetra, dissolve, unifica e reintegra com suas relações o cotidiano de vida de toda a multiplicidade das aldeias, recriando-as com referência na sua rede de circulação e suas cidades, onde os homens são individualmente integrados e a um só tempo de um modo seletivamente limitado quanto ao âmbito do feixe das relações globais e ilimitado na abrangência da extensão de sua ambiência territorial, num todo de espacialidade diferencial confusamente multiescalar e fragmentária. Para esses homens o conhecimento do espaço tende a ser, então, parcializado, fragmentado em migalhas de espaço, ao tempo que para aqueles dos estados-maiores do Estado e das firmas tende a ser total, enquanto detentores privilegiados do domínio do saber-pensar estrategicamente o espaço.

A geograficidade

O tempo presente move-se, assim, na contramão da geografia dos professores. Nele é onde cada vez mais o saber-pensar o espaço se mostra um dado político essencial na prática da luta pela vida. O que pede a superação de dois limites característicos da geografia acadêmica: o retorno do caráter de saber estratégico da geografia fundamental deixado na exclusividade da geografia dos estados-maiores e a ultrapassagem do olhar regional, restabelecendo, mas sob nova forma de qualidade teórico-conceitual, a geograficidade integral de sua fundação.

O âmbito de abrangência da geografia fundamental foi esvaziado pela geografia dos professores justamente naquilo que era a essência do seu fundamento: o saber-pensar o espaço como elemento estratégico, e, assim, o saber-pensar e a prática espacial como um dado da ação política por excelência. No argumento da cientificidade, os acadêmicos reduziram essa geograficidade a um espectro limitado de relações, do qual deixam de fazer parte sobretudo as relações ideológicas, sociais e políticas, em nome de uma necessária neutralidade. Amputada de seu fundamento, a Geografia foi então reduzida a uma forma de saber dissociado das práticas espaciais naquilo que é sua essência, destituído de problemática, insípido, desinteressado da abstração que lhe podia dar voo teórico, indiferente aos termos do seu estatuto epistemológico e das questões de epistemologia, e assim defendido como uma forma de conhecimento terra a terra, descaracterizado e sem drama, isto é, tensão social e vida. Foi preciso ocorrer a crise forçada por seu caráter de um saber tão alheio e desinteressante para que esse desligamento do real verdadeiro fosse quebrado.

Esse caráter de saber neutro e descolado do sentido e significado social e político do espaço e do movimento real da realidade circundante foi reforçado pela adoção da análise regional como sua forma de abordagem da vida real dos homens por excelência, acentuando sua despolitização.

O enfoque regional parte do princípio de que a região é o resultado da superposição das influências humanas e dos dados naturais na constituição da organização espacial das sociedades. Vê assim a região como um recorte *a priori*, já dado pela história passada, produto da combinação da geologia e da história, duradouro e dominado pelas permanências, conferindo, desse modo, a identidade, a personalidade e a individualidade do espaço dos homens em cada lugar da terra. O seu procedimento analítico é o mesmo de superposição e busca das correlações do método da espacialidade diferencial, mas que supõe em contrapartida ser uma superposição coincidente de configurações e contornos, toma a região por uma forma de ser espacial do real e esconde não tratar-se mais do que de um modo de pensar o espaço. Assim, a análise regional recorta e isola o pedaço regional, separando-o radicalmente do todo diferenciado do espaço, concebe a região como um compartimento que possui seu próprio relevo, clima, geologia, história, demografia, cultura e atividades econômicas, que nela se integram e dela fazem parte por apriorismo, e, além disso, faz da organização regional a única forma de configuração espacial possível, reduz o recorte regional a uma forma única de dividir e ver o espaço, suprime o poder de entendimento dos níveis de análise, elimina – numa visão de relação de horizontalidade e numa série de interseções complexas das configurações espaciais – o caráter entrecruzado de cada fenômeno particular que compõe o todo da estrutura do espaço, dissolve sua diversidade de múltiplos níveis de representação e transforma, com isso, a região num poderoso conceito-obstáculo diante das necessidades das práticas espaciais. Mas, sobretudo, oculta ser a região um modo de saber-pensar o espaço e ter ela o seu caráter de determinação da ideologia e da política no sentido da ocultação do significado e do valor estratégico do conhecimento do espaço.

No entanto, é a própria natureza da diversidade e da complexidade constitutivas da geograficidade que aponta para o cunho multirrelacional e multiescalar do espaço – a necessária multiformidade dos seus modos de pensar – e, em face disso, para a impossibilidade de orientar-se a Geografia no viés de um olhar tão restrito e limitado como o conceito que a geografia dos professores desde os meados do século XIX a tem definido e caracterizado historicamente.

AS RUPTURAS E CONTINUIDADES

A crítica da geografia clássica encontra nos anos 1970 uma saída múltipla. É uma característica a pluralidade dos enfoques. Há um forte acento social em todas as teorias, mas também espaçoambiental. Todavia, é o espaço o foco por onde seus autores realizam suas reflexões sobre natureza e homem, as determinações espaciotemporais dominando a atenção dos seus olhares e suas páginas.

Há uma preocupação com a crítica dos fundamentos da geografia clássica posta ao lado da necessidade de formular-se uma teoria nova. E embora a generalidade dos autores divida seus livros nessas duas partes, não se tem uma clara atitude de mostrar-se uma linha de continuidade, antes mais parecendo haver o intuito de tomar-se o passado como uma etapa já finda.

Os eixos da crítica

Uma aparente unidade costura as diferenças entre sete importantes livros. O espaço é uma referência de todos. E o marxismo da maioria. Mas o enfoque do primeiro e a linha de referência do segundo não são comuns. Do conjunto, assim, diferem Tuan, por sua orientação numa perspectiva subjetivista longinquamente apoiada na significação fenomenológica; Tricart, por sua orientação numa visão integrada partindo do campo da geografia física, que a maioria apenas tangencia; e Lacoste, por sua orientação numa perspectiva subjetiva de inspiração relativista e de leitura nitidamente político-ideológica do ente geográfico. Vista numa outra ótica, Harvey e Smith se aproximam pelo enfoque econômico, e a teoria do valor em sua relação com a produção do espaço é a base das teorizações. Quaini, Milton Santos e Tricart se aproximam pelo chamado para a totalidade, visto nos três como a integralidade dentro da qual e só da qual a particularidade ganha vida; já Tuan e Lacoste, pela centralidade do olhar sobre a constituição do discurso, Tuan indo pela perspectiva da percepção e Lacoste pela da escala.

Harvey e Smith: o valor

David Harvey (n. 1935) foi a expressão maior da *new geography* no seu terreno operacional e metodológico. Quando *Explanation in Geography* foi publicado em 1969, um grande impulso é dado a um movimento que está em busca de saída para suas próprias dificuldades. Entretanto, Harvey logo rompe com o positivismo lógico e assim com a perspectiva da *new geography*, seguindo um caminho de sentimento liberal da questão social, desconsiderada pela corrente, num trajeto que o vai levar ao marxismo. A estrutura de *A justiça social e a cidade* reproduz em sua sequência de partes e capítulos esse trajeto pessoal de Harvey. Dividido em três partes, a primeira corresponde ao período liberal, a segunda ao período marxista (os título são, respectivamente, "Formulações liberais" e "Formulações socialistas") e a terceira sintetiza as assimilações da passagem. O livro é uma coletânea de seis textos, distribuídos três para cada parte. Escritos entre 1969 e 1973, os anos do *Explanation* e de *A justiça* justamente mostram a intensa atividade intelectual vivida por Harvey nesse curto período. Muito das ideias do primeiro livro está ainda presente no segundo. Até porque no *Explanation* Harvey combina uma filosofia neopositivista acerca da ciência a uma filosofia liberal acerca dos direitos, numa ideologia de justiça social tipicamente fabiana, que agora ganha foro próprio. Mas *A justiça* expressa já uma ruptura com os fundamentos epistemológicos do *Explanation*, sendo justamente a busca da compatibilidade ideológica dos conceitos de ciência e justiça social o fermento da condução de Harvey ao marxismo. A conjuntura da virada dos anos 1960 para os 1970, marcada pela guerra do Vietnã, a crise ambiental e a efervescente discussão que lavra por dentro do marxismo coincidente com sua transferência da Inglaterra para ir trabalhar nos Estados Unidos, é o quadro geral de referência dessa reorientação de rumos, que ele explica em entrevista que dá à *New Left Review* no ano de 2000 (Harvey apud Sader, 2001).

Harvey centra *A justiça* no tema da justiça social, vista como um problema relacionado à distribuição da renda. Para isso usa como referência o conceito da justiça distributiva territorial que toma de empréstimo ao sociólogo Bleddyn Davies. Todavia, *A justiça* é o início de um caminho que o levará a dedicar quase toda a década de 1970 ao estudo das obras econômicas de Marx em seus vínculos com as formas e mecanismos do espaço, cujo resultado é *The limits to capital*, livro que publica em 1982 como um discurso teórico em que economia política e espaço ganham uma visibilidade marxista sistemática e explícita. Com *A justiça* e *The limits* Harvey assenta e desenvolve a teoria de economia política do espaço que será a base de toda a sua teoria de Geografia daí para diante.

Em *Desenvolvimento desigual* Neil Smith parte dessa teoria geral de Harvey, mas para ampliá-la no sentido de pensar, nos seus termos, a natureza e a relação do homem e do meio, por este não consideradas. Para isso, vai fazer um percurso de cruzamento mais amplo entre o marxismo e a geografia do que o feito por Harvey. O conceito de desenvolvimento desigual como um vaivém de diferenciação-equalização, como uma lei espacial do modo de produção capitalista é o epicentro dessa teoria.

Smith observa que a tradição olha o espaço e a natureza como realidades conceituais distintas e separadas. Quando muito, ela vê o espaço como produto da natureza, nunca a natureza como produto do espaço. Pensando assim, Smith busca dialetizar a relação, pondo o conceito de espaço e de natureza ambos no interior do processo de produção, do qual, emergindo como produtos simultâneos e entrelaçados em suas ações recíprocas, o espaço aparece tão produto da natureza quanto a natureza do espaço.

Para tanto, Smith vincula natureza e espaço respectivamente a valor-de-uso e valor-de-troca. E daí tira o conceito de desenvolvimento desigual. Essa reciprocidade de correspondência entre valor, espaço e natureza é a chave de sua teoria de economia política de espaço. Se no seu conceito de espaço e de natureza, Smith rompe com a tradição geográfica, no de desenvolvimento desigual ele rompe com a tradição marxista, criando e desenvolvendo um entendimento de desenvolvimento desigual diferente do existente entre os teóricos do marxismo, vinculando-o, em vez de a uma combinação de desenvolvimentos espaciais desiguais, aos efeitos da relação espaço e natureza enquanto relações de correspondência com os valores-de-uso e valores-de-troca e às contradições de diferenciação e equalização que daí emanam, propondo-se, com isso, a oferecer um conceito novo e geográfico válido para uma teoria capaz de levar tanto a análise geográfica quanto a marxista a descobrir "padrões e processos espaciais gerais" que originam e regem desigualdades.

Quaini, Milton Santos e Tricart: a totalidade

Massimo Quaini parte do pressuposto de que a crítica de Marx à economia política vale para a Geografia, mas como ponto inicial de um encontro. O paralelo começa para ele no método, avança pelos conceitos de território e natureza e fecha no entendimento da relação homem-natureza como um processo da história. E são essas também as bases de referência da formulação de uma teoria geográfica em que a ecologia e o território estabelecem uma relação necessária, a partir das ligações da renda fundiária e da economia industrial.

Na Economia Política, como também na Geografia, diz Quaini, o discurso é uma "representação caótica do conjunto da realidade", em face da confusão conceitual que se faz do concreto e do caráter das suas leis. No método da Economia Política, e assim da Geografia, do concreto representado chega-se a abstrações cada vez mais sutis, quando nas determinações verdadeiras se vai do abstrato ao concreto, isto é, do empírico-sensível ao empírico-pensado, por meio do movimento da abstração. Assim, se a análise da sociedade deve começar pela população, enquanto sujeito empírico da história, a cujas determinações pretende-se chegar, deve-se para isso partir do uso rigoroso das categorias mais simples (por exemplo, os conceitos do trabalho, da divisão do trabalho, do valor de trocas etc.), para daí voltar à população, mas agora para que se possa vê-la não mais como uma representação caótica do todo, e sim como uma rica totalidade de determinações.

Isso faz do método (um processo de ida do abstrato ao concreto, isto é, do real-empírico ao real-concreto por meio da abstração) um método histórico-regressivo. Vê-se o passado à luz do presente e o todo, então como história, como estrutura. Donde também se pode chamá-lo método histórico-estrutural. Por esse método, o empírico, a paisagem, posta na geografia moderna no centro da própria reflexão, é analisada pelas mediações das suas determinações mais simples, a exemplo do conceito do trabalho, caminhando em suas múltiplas determinações até chegar à totalidade, vista à luz da relação do homem com a natureza ao tempo que do homem com o próprio homem.

A desatenção habitual do geógrafo com a epistemologia da Geografia, entretanto, tem reforçado o empirismo do método existente e dado o tom singular da "representação caótica" na Geografia. Instaurada em sua face moderna pela prática universitária de Kant, que a leciona por décadas ao lado da Antropologia na Universidade de Königsberg, a primeira com o intuito de permiti-lo refletir sobre as leis da liberdade e a segunda sobre as leis da necessidade, representadas, respectivamente, pelo homem e pela natureza, a Geografia, que Kant concebe como uma disciplina de discurso naturalista, vê reafirmado seu caráter de um saber de conjunto, sistemático e orgânico que olha o mundo com referência na natureza. Assim, a Geografia parte da superfície terrestre e da práxis humana, mas para sempre olhá-la de um modo empírico, descritivo e vago quanto ao problema da própria relação de liberdade (história) e necessidade (natureza) que está no seio da sua origem.

O hegelianismo, em que pese a interação de Hegel com Ritter, e o neokantismo, a despeito de ser um movimento de retorno a Ritter, que se lhe seguem, parecem vir para reafirmar essa fraqueza e vaguidade do enfoque geográfico, de novo omisso quanto aos termos da determinação do homem e natureza, um diante do outro, e, assim, sob essa carência, passar o tempo e chegar até hoje.

Se Kant, por sua concepção da História como relação de internalidade e da Geografia como relação de externalidade, deixara a forma geográfica de determinação da relação homem-natureza e assim a própria determinação em Geografia num total estado de vagueza, provavelmente por conceber a natureza como necessidade (uma determinação objetiva), tema que atribui à Geografia, e o homem como liberdade (uma determinação subjetiva), tema que atribui à História, não conseguindo por conta dessa dicotomia trazer ambas instâncias juntas para o campo da determinação geográfica, Hegel, por sua concepção da História como uma unidade dialética, vai buscar equacionar o problema concebendo a relação necessidade-liberdade como uma relação dialética do "de dentro" e do "de fora". Hegel – embora concorde com Kant quanto a conceber a Geografia como uma disciplina-substrato do movimento subjetivo da História, certamente por entender ser esta a concepção de Ritter, seu colega da Universidade de Berlim, cujas ideias procura corroborar –, argui entretanto sobre a impossibilidade da geografia kantiana. A concepção da natureza de um e de outro faz a diferença. Para Kant a natureza é um "de fora". Para Hegel é um "de fora", mas enquanto momento de alienação da ideia. Daí, observa, a impressão de natureza e homem, e, então, Geografia e História, de um par dicotômico, que iludiu Kant. E daí também entender a dificuldade de Kant de ver necessidade e liberdade como um par dialético, para Hegel contrários que contraditam, aqui se opondo para mais à frente se fundir quando natureza e homem (modos de expressão do movimento recíproco da matéria e do espírito) se unirem na ideia reencontrada consigo mesma no espírito absoluto. Mas Hegel cai, entretanto, no outro extremo: a dissolução da natureza enquanto real-empírico. Daí que mesmo em Hegel o impasse do interno-externo permaneça como um dado epistemológico e estrutural da Geografia. Esta segue sendo um substrato do movimento da liberdade diante da necessidade, por sua ligação a uma natureza concebida como um dado epifenomênico ao espírito. Quando, então, no momento em que a ideia se desaliena no reencontro da autoconsciência e o externo se dissolve no interno, o material no ideal, o geográfico assim se dissolve (ironicamente, também a História, o que leva Gerd Borheim a designar Hegel como o último dos metafísicos), deixando de contar a partir daí no jogo das determinações. Para Hegel, pois, assim como para Kant, a Geografia, ciência do espaço, intervém sempre como um dado da necessidade (a natureza que se põe como objetividade exterior ao homem sensível), nunca como a própria integralidade do salto dialético do reino da necessidade para o da liberdade (o homem realizado diante das injunções materiais da natureza), ao dissolver-se no momento mesmo que a liberdade (entendida por Hegel como consciência da necessidade) assume o proscênio das determinações.

Marx vai partir desse pressuposto de Hegel, mas para fazer-lhe uma "inversão dialética". Enquanto em Hegel liberdade e necessidade se tornam unidade no pensamento (a autoconsciência recuperada da sua alienação na natureza), em Marx tornam-se unidade no ser real, o ser histórico-concreto, por meio do processo do trabalho. O ponto de partida de Marx é o trabalho como metabolismo homem-natureza, Marx tomando para si a crítica de Feuerbach ao idealismo filosófico de Hegel e vendo a história ao mesmo tempo como história natural e história social do homem, e, assim, historicidade da natureza e naturalidade da história. Vem com Marx a possibilidade que o livro quer demonstrar.

Milton Santos (1926-2001) parte do princípio de que o problema de uma ciência é o do seu objeto. Antes de definir-se no que é, uma ciência define-se pelo seu objeto. A clara definição deste remete à definição daquela, o que a ciência é determinando-se no seu objeto. É assim com a ciência. E é assim com a Geografia.

Todo problema da Geografia, sua dificuldade de conseguir ver-se no sistema das ciências, de lidar com as interações e relações de fronteira, de visualizar o fenômeno sob uma forma própria, e, então, de dizer o que é, vem da indefinição presente do seu objeto, isto é, o conteúdo do real com que vai se ocupar.

Pode-se tomar essa afirmação como base de princípio para uma reflexão crítica sobre as tentativas passadas e presentes da geografia moderna – aquela nascida no final do século XIX – e projeção futura em vista da busca de firmar uma teoria que se afirme a partir de um objeto claramente demarcado e definido.

A geografia dos pioneiros foi muito influenciada pela ideologia e reclames políticos da época que muito determinaram seus rumos conceituais e a escolha do elenco de suas categorias. Assim, dominaram-na as noções de determinismo, da região, do gênero de vida, de áreas culturais, todas orientadas no sentido da ideia da região, sem que a predefinição do objeto geral lhes indicasse o rumo epistemológico. E tem sido isso a Geografia desde os fundadores.

A renovação, ou a sua necessidade, vem com o pós-guerra. O progresso dos suportes do trabalho científico, as novas necessidades dos utilizadores e a mudança do objeto da atividade científica trouxeram consigo a necessidade do novo. Confundindo a necessidade do novo com o formalismo técnico, deste quadro sai a *new geography*. A denominação diz do momento e da intenção de opor o novo à tradição. Mas ela não vem só. Já nos anos 1940-1950 houve o projeto neomarxista da geografia ativa. E agora emergem também correntes como a geografia da percepção e do comportamento, expressando por nomes novos referências que tiram do passado.

Todavia, por contingência política e ideológica do tempo, acaba por predominar o formalismo quantitativo e modelístico da *new geography*. O uso da matemática, dos modelos e da análise dos sistemas substitui nela a teoria, reduz o pensamento a fórmulas, suprime o tempo e sobrepõe a forma ao conteúdo. Os padrões matemáticos, vistos como modelos-tipos, são o seu conteúdo. Acredita-se fazer ciência e estar-se conferindo à Geografia a sonhada cientificidade.

Se a *new geography* centra sua atenção na forma com fins de um formalismo tipológico, a geografia da percepção e do comportamento, por sua vez, centra a sua no indivíduo em sua relação de apreensão perceptivo-comportamental com o espaço, a partir do lugar e das parcelas do território que lhe são familiares e constituintes dos seus deslocamentos cotidianos. Tem-se por princípio que o espaço não significa a mesma coisa para cada indivíduo e não se traduz em igual comportamento. E cai-se aqui no problema da escala e no complexo tema da relação entre representação, conhecimento e realidade, e abstrai-se o fato de que comportamento é práxis, tudo isso sem que se elucide o tema da relação sujeito-objeto que lhe está na base. O formalismo dá lugar ao subjetivismo.

Assim, seja na *new geography*, seja na geografia da percepção, diz Milton Santos, a Geografia é mantida na prática tradicional do empirismo, do dualismo naturalista e do oficialismo, substituindo-se o enfoque do recorte regional dos fundadores pelo mais geral da teoria locacional, da difusão de inovações e do percepcionismo, afastando-se o foco geográfico da temática histórico-social.

O fato é que o espaço acabou por ser o grande presente-ausente na Geografia. É ele o tema de todos, mas a todos falta o necessário cuidado epistemológico de traduzi-lo como objeto. Assim, falta uma teoria do espaço que forneça e dê a base objetiva e científica à teoria geográfica, que em realidade todos e cada um aqui e ali buscam. Isso porque não basta pensar o espaço, é preciso pensá-lo como objeto. E não basta pensar o espaço sem pensar e elencar as categorias que lhe correspondem com objeto. Mas uma vez demarcado e definido o objeto, demarca-se e define-se, também, o sistema próprio de categorias analíticas, e pode-se, agora, demarcar e definir a própria Geografia. O objeto identifica o sistema de categorias e tudo isso o que é Geografia.

Jean Tricart (1920-2003) conclui pela mesma necessidade de investir na totalidade e na crítica da geografia clássica, mas leva a totalidade para dentro da natureza, numa espécie de trânsito pelas três naturezas de Smith, porém circulando sempre dentro da primeira, e leva a crítica na direção da incorporação de todas as esferas intra e extranatureza.

O ponto de partida é a sua discordância de que para a geografia física a natureza tenha que ser a esfera do inorgânico, embora entenda que a morfogênese e as suas diversas formas de manifestação sejam sempre o ponto de referência. Sucede que a própria morfogênese é para Tricart mais que o inorgânico, ela é a multiplicidade das esferas da vida, na forma como espelha enquanto inorgânico o modo de a totalidade das esferas agir em seu movimento, que ora se aloca nesta, ora naquela esfera, como num holograma. Mas enquanto o movimento prossegue seu caminho para adiante, rumo à paragem em outros planos de esfera, Tricart se mantém na esfera da morfogênese, saindo sem apartar do eixo do movimento para analisar seus efeitos recíprocos na esfera do inorgânico, como a preparar-se para o retorno do *carroussel* à morfogênese em seu eterno ir-e-vir entre as esferas. É como entende ser especialista em Geografia enquanto um morfologista climático.

Sua crítica é, por isso, contundente à geografia física inorgânica, isolacionista e exclusivista do presente, quebrada numa ordem fragmentária abusiva e excessiva, como também condena a queda no outro extremo, a de um generalismo igualmente abusivo, excessivo e estéril. Sua proposta é a incorporação das matérias recíprocas entre as esferas, no caso da Ecodinâmica entre o ecótopo, o sítio da morfogênese, e a biocenose, o sítio mais amplo das esferas, sugerindo a unidade do conjunto numa abordagem ecossistêmica.

Daí vem sua ideia de totalidade. Esta consiste na visão integrada do todo das esferas, tomando um foco localizado, a morfogênese no seu caso, como ponto de referência e abordagem do movimento do todo. Embora se oriente na visão sistêmica, seu todo não é um sistema de partes, mas o movimento interativo e integralizante, a totalização, do todo das esferas.

A totalidade inclui, assim, o homem, sem que Tricart esteja a fazer Sociologia, e as camadas de rochas, sem estar a fazer Geologia, para pegarmos dois exemplos que a visão fragmentária vê como extremos. E serve de rumo a uma ação geográfica, sem que se perca no caminho, e de uma intervenção prática, sem que se ausente de teoria, numa visão praxeológica de geografia.

Tuan e Lacoste: a perspectiva do corpo

Y-Fu Tuan (n. 1930) propõe pensar a Geografia como uma experiência sensória que vislumbra o mundo a partir do lugar enquanto percepção do corpo. Sem descurar da razão, propõe tomar o sentimento como o elo da intelecção, numa perspectiva que rompe com a visão de objetividade que domina o pensamento clássico.

Sua concepção geográfica é, de certa forma, uma centração na vertente subjetiva que vemos Humboldt, Ritter e Vidal de La Blache dialetizar com a vertente objetiva em suas buscas de formar uma visão geográfica do mundo sem que o homem se veja nele desintegrado ou como um elo à parte, optando Tuan, porém, por priorizá-la. Há quase que uma perspectiva humana – que Tuan prefere chamar humanística –, escondendo-se por trás da perspectiva da experiência, oferecendo a Tuan a situação confortável de ter que explicar o homem. Daí que a ótica de Tuan tenha sido por muitos confundida com a perspectiva fenomenológica, mesmo com o alerta de Anne Buttimer quanto ao equívoco.

De fato, *Espaço e lugar* é o exercício pessoal de Tuan de buscar um conceito de lugar que se amolde ao conceito de espaço que tenha a mirada da experiência humana no centro. Algo não necessariamente fenomenológico; no fundo, é uma forma de combinar o imediato e o mediato sob a regência do primeiro, privilegiando a experiência sensória sem abandonar a razão e sem cair no ardil de sua dominância.

Daí que o lugar é o espaço vivido, e o espaço, a perspectiva do mundo mais ampla que empresta seu conteúdo místico e cósmico ao pontuado, oferecendo pelo vivido o sentido de lugar. Não há um contraponto de fenomenismo e essencialismo, fenomênico e fenomenológico, numa versão tuaniana de crítica a Kant com as armas de Husserl.

Mas há, em contrapartida, a introdução do corpo, mais lembrando Maurice Merleau-Ponty que Edmund Husserl, no discurso geográfico. E numa proposta diferente, humanística, daquela ecológica, há tempos sugerida por Sorre.

Espaço e lugar, ao contrário, deve ser lido junto a *Topofilia* para ser entendida a perspectiva subjetiva que Tuan busca, num formato próprio, como a de querer trazer para o presente o passado de uma Geografia que perscrutava nos segredos internos do mundo, o horizonte em que o real e o contingente se entrelaçavam como mirante do olhar do homem.

Yves Lacoste (n. 1929) pensa o mesmo projeto, por caminhos diferentes. A influência é aqui a relatividade de Einstein, e o conceito subjetivo e combinado de espaço e tempo que propõe. Subjetivo no sentido da presença essencial da perspectiva do olhar no conceito do espaço e do tempo. Combinado no sentido do tempo como a quarta dimensão do espaço. Estamos no mundo num "aqui e agora", o resto é uma questão de escala.

E é a questão escalar que orienta o interesse de Lacoste como geógrafo. Relativista, o mundo é multifacetado, e Lacoste retoma por esse ângulo a noção de totalidade – o real é um todo, mas se nos apresenta segundo o mirante através do qual o olhamos. O corpo também aqui aparece, mas não é a percepção sensória, e sim a representação consciente da perspectiva que o conduz. Qualquer uma das esferas da vida – que Lacoste chama de conjunto espacial – serve de referência de foco; e o olhar está livre para seguir o movimento caleidoscópico do real por entre as suas esferas, o momento do enfoque se mostrando numa paisagem que sempre se renova.

É um conceito novo de escala – qualitativo e relativista – e um modo de ver o mundo como diferença, igualmente novo. O ineditismo da escala se combina com o resgate do novo enfoque da diferença.

As novas abordagens teóricas

A comparação das teorias desses sete livros traz-nos a sensação, pois, de um embutimento de abrangências que, ao mesmo tempo, as diferencia e as articula num ordenamento sistemático do pensamento cada vez mais amplo e geral: a leitura da justiça distributiva territorial de Harvey ganha escala de inserção maior no conceito de formação socioespacial de Milton Santos, ao tempo que a visão deste ganha maior largueza de apreensão sistemática na teoria das sociedades sem e com a história de Quaini. Assim, a teoria espacial a eles subjacente vai ganhando foro de maior detalhamento como objeto e mirada de olhar do fenômeno geográfico quando, de Harvey e Milton Santos, se passa para o espaço como a condição de relação determinante da produção da natureza com Smith, deste para a tríade morfogênese-pedogênese-fitoestasia de Tricart, e desta sequência para a escala multíplice da espacialidade diferencial de Lacoste, até o espaço qualificar-se como a linguagem simbólica de Tuan.

Do mesmo modo, traz-nos também a sensação do aprofundamento do tema da ruptura espaço-meio ambiente que se percebe na fase final da geografia clássica, levemente materializada no contraponto que se dá entre George e Tricart, na geografia francesa, e sua simultânea consciência da possibilidade de superá-la por meio do discurso de um novo modo de ver a relação, Smith, produzindo com a teoria do valor um caminho alternativo, e Quaini, oferecendo o entendimento da acumulação primitiva como seu fundo histórico de origem.

Podemos, assim, ver esses sete geógrafos por esse prisma. Mas seus livros se diferenciam e se identificam mais por um intento comum de busca de uma teoria geral, por onde se entrecruzam as matrizes de pensamento geral de onde vêm e por onde aqui os analisaremos: Harvey e Smith pela economia política do espaço, Milton Santos pela formação social, Quaini pelo metabolismo territorial da renda da terra como um processo de relação homem-meio, Tricart pelo metabolismo espacial dos ecossistemas, Tuan pela estrutura simbólica do espaço e Lacoste pela escala estrutural-diferencial do espaço.

A economia política do espaço de David Harvey

O epicentro da teoria de Harvey é o conceito da justiça distributiva territorial. Por justiça distributiva territorial, expressão que alterna com justiça territorial quando precisa ser mais explícito, Harvey entende a igualdade de oportunidades que disponha uma população de acessibilidade a um conjunto de meios e atividades necessários para propiciar um padrão social de vida minimamente aceitável, só possível mediante melhor distribuição territorial que geralmente se esbarra na forma da distribuição da renda nacional entre os indivíduos e no valor da renda fundiária. Embora tenha a economia política marxista por referência, Harvey vê a determinação da renda fundiária sobre as formas do espaço pelo conceito de justiça social do liberalismo, que se desdobra e se clarifica no conceito de renda e distribuição da renda. Renda é assim compreendida por Harvey como a soma dos meios monetários ou que por meio deles se expresse capaz de sustentar o consumo corrente no curso de um dado ano, o que remete à capacidade de conferir aos indivíduos o poder de aceder ao mundo das trocas e por meio deste aos direitos de propriedade. A justiça social, e assim a justiça distributiva territorial, é um conceito normativo que significa um princípio de resolução de direitos conflitivos que tem por exigência de base a forma mais equitativa de repartição possível da renda. Tudo depende, entretanto, dos mecanismos da repartição da renda existente, entre os quais se faz presente a forma de organização do espaço, porque é por meio dela que se combinam num entrelaço renda monetária, renda fundiária e arranjo territorial das localizações.

A organização espacial é um todo dialético no qual se correspondem e interagem formas espaciais e processos sociais. Categorias teóricas presentes, mas vistas como distintas e dissociadas tanto na tradição geográfica quanto na *new geography*, formas e processos são todavia recursos de entendimento necessários a qualquer nova teoria do espaço. Há, assim, que incorporá-las, para Harvey, numa concepção integrativa, sem a noção equivocada da dissociabilidade, resolvendo-se, porém, primeiro os limites do próprio conceito subjacente de espaço, de resto algo que tem permanecido misterioso em sua natureza na pesquisa e no pensamento social. Assim, Harvey propõe que se acrescente, à maneira de Leibniz, o conceito de espaço relacional ao lado da tradição do espaço absoluto e do espaço relativo. Enquanto o espaço absoluto é compreendido como uma coisa em si mesma e o espaço relativo como uma relação entre objetos, o espaço relacional o é como o que confere existência a um objeto na medida das suas relações com os outros no quadro contextual do conjunto de que faz parte. Trata-se então de perceber que o espaço é uma confluência de três dimensões, cujo significado só pode ser apreendido no âmbito das práticas humanas, em que se alternam, uns se transformando nos outros, a depender do movimento reciprocamente interativo das formas e dos processos criado por essas práticas. Assim, o estabelecimento da relação de propriedade privada em seus efeitos de monopolismo cria o espaço absoluto, a implementação do movimento de circulação das pessoas, bens, serviços e informações cria o espaço relativo e a instituição da renda fundiária cria o espaço relacional. E trata-se também de perceber que, se as práticas humanas enquanto processos sociais criam e clarificam em suas diferentes atividades as formas espaciais, articulando formas e processos segundo os momentos de suas necessidades, formas espaciais e processos sociais organizam e resolvem, por sua vez, as necessidades daquelas práticas, o que significa, por fim, compreender que o processo social se realiza por meio da forma espacial e esta forma espacial, por sua vez, organiza, orienta e se nutre do processo social.

Reside precisamente na compreensão teórica desta dialética de forma-espaço-processo social o estabelecimento do que Harvey, inspirado na ideia de imaginação sociológica de C. Wright Mills, chama de imaginação geográfica, qual seja, a habilidade do indivíduo de reconhecer o papel do espaço e do lugar na constituição de sua própria biografia ao produzir sua própria consciência espacial, extraindo e orientando suas práticas, modos de representação e relações com o circundamento dessa imaginação/consciência geográfica.

A justiça distributiva territorial encontra seu arrazoado nessa teoria de espaço, na qual imaginação social e imaginação geográfica se completam e conjuminam, e teoria social e teoria econômica se confundem. Tudo opera numa metalinguagem de significância estatística por meio da qual o quadro dos padrões da distribuição espacial se apreende e as inferências de expectativas de justiça distributiva territorial desejadas se comparam às realidades da distribuição espacial observadas.

Harvey tem em vista aqui o papel teórico dos modelos de localização, dada a função que a configuração das localizações cumpre dentro da instituição de toda política redistributiva. Porque se trata de compreender que, se o arranjo distributivo do espaço é uma decorrência da repartição da renda nacional projetada nas formas de ocupação do espaço, cujo exemplo direto é o espaço ocupado das cidades, por outro lado uma política redistributiva intervém nos termos dessa mesma repartição ao potencializar, para mais ou para menos, o poder existente de acessibilidade urbana da renda monetária dos indivíduos. O rearranjo ou traçado novo de uma rede de circulação, por exemplo, mudando a distribuição dos vetores da rede de transportes e redistribuindo a localização das indústrias, moradias, pontos de prestação de serviços públicos e fruição de lazeres dentro da cidade, alterando as distâncias, o tempo de deslocamento entre locais de morada, lazer e trabalho, reduzindo ou aumentando margens de despesas e criando ou excluindo possibilidades no mercado de trabalho, e assim afetando a potencialidade para baixo ou para cima da renda existente, tem enormes efeitos de redistribuição da renda. O arranjo e rearranjo distributivo de pessoas e atividades e meios de vida no espaço da cidade não pode, assim, ser indiferente a essa inferência do cálculo e a essa expectativa da contabilidade. O espaço é um todo complexo e, por isso, a uma política de justiça territorial não é indiferente o quadro da localização enquanto uma relação de identidade com o espaço absoluto, relativo e relacional. Mexer nas formas espaciais é mexer nos processos sociais, e vice-versa.

Todavia, se a metalinguagem estatística confere à teoria da justiça distributiva territorial o valor analítico objetivo que é preciso, a imaginação geográfica confere o sentido da justiça social que a justifica. Cabe, assim, para Harvey, harmonizar entre si as formas espaciais (isto é, a localização dos objetos, tais como casas, utensílios, rede de transportes etc.) e os processos sociais (isto é, as estruturas sociais e atividades ou organizações que interligam pessoas, oportunidades de emprego e empregadores, beneficiários da assistência social aos serviços correspondentes etc.) por intermédio de políticas destinadas a afetá-los com um objetivo social coerente. Tudo no pressuposto de que mudança nas formas espaciais provoca, positiva ou negativamente, alguma mudança na renda dos indivíduos que nelas vivem e residem. Trocas na localização das empresas afetam mesmo que parcialmente os salários, as oportunidades de emprego e o custo da moradia, desse modo participando dos mecanismos de criação de emprego e renda, a exemplo das migrações que acompanham o aumento do tamanho do espaço urbano nas grandes cidades, chamando para a necessidade da presença da variável espaço no cálculo e nas políticas sociais.

Pode-se, assim, pensar no modelo de um ótimo de distribuição territorial da renda ou numa política hipoteticamente orientada nesse sentido. Mas sabe-se que entre o real e o esperado há uma distância, o que põe em juízo o modelo do ótimo de Pareto, tão utilizado nas teorias locacionais, dado o descompasso existente entre um e outro pela velocidade desigual com que as partes do sistema espacial respondem e se ajustam ao movimento dinâmico das trocas, o desigual projetamento da distribuição da renda em sua distribuição no espaço ou o efeito diferencial da renda fundiária. Seja como for, nunca coincidem a escala territorial e a escala social da justa distribuição de renda entre os indivíduos.

E tal dissonância, considera Harvey, deve-se, sobretudo, ao vínculo genético-estrutural da distribuição da renda e do valor da renda fundiária com as relações de produção vigentes. É no âmbito das relações de produção que efetivamente formas e processos espaciais existem, que a distribuição da renda é determinada e que a renda fundiária espacialmente confina com a renda monetária. E no seu entrelaço, numa relação em geral contraditória, se determina o acesso e os termos da apropriação do espaço. A cidade é onde esse naipe de relações é mais claro. Harvey faz aqui seu deslocamento para o marxismo.

O ponto de partida é que nesse fundo de raiz o espaço se revela a um só tempo valor-de-uso e valor-de-troca. Um duplo cuja fonte direta é a relação de propriedade do solo. Harvey chama a atenção para a necessidade de fazer-se a diferença conceitual de terra, solo e espaço. O solo é mais que a terra por incluir além dela as benfeitorias, e se transforma em espaço quando se configura nas dimensões do absoluto, do relativo e do relacional como categoria da reprodução das relações de produção-distribuição. Antes de tudo, é a propriedade capitalista do solo que vai convertê-lo no duplo do valor-de-uso e valor-de-troca e, nesse quadro, determinar sua relação de renda absoluta, diferencial e de monopólio. Do caráter privado da propriedade decorre a renda absoluta; das condições do solo, seja o grau de fertilidade ou localização da terra perante a rede dos meios de circulação, seja o volume e natureza dos benefícios que encerra, decorre a renda diferencial (I – por conta das condições de fertilidade e localização da terra; II – por conta do caráter e estado dos benefícios); e da exclusividade locacional decorre a renda de monopólio. Sob o extrato das modalidades, por meio da determinação do preço, é que renda fundiária e renda monetária se conjuminam, aqui no propósito da apropriação do espaço e ali para determinar a configuração das formas e processos do espaço como um só e mesmo fato. O caráter de mercadoria do solo vem do duplo valor que ele encerra, e a apropriação do espaço que se faz por seu intermédio faz dele o nó górdio de toda relação do espaço com a sociedade.

A economia política do espaço se transforma, então, numa teoria do modo de produção do espaço, o conceito mais orgânico de Marx arrumando num passo o todo do discurso geográfico de Harvey. E o caráter geográfico dessa teoria segue sendo a teoria da localização, uma teoria centrada, antes de tudo, no movimento da apropriação do valor do solo e seu salto para a apropriação da abrangência do espaço. Teoria da renda e teoria de localização aqui se fundem numa teoria de espaço na qual todo o universo das formas e processos de espaço se haure na interface da manipulação dos entrelaçamentos da renda monetária e fundiária. Tal é nessa teoria do espaço a relação orgânica entre renda da terra e formas-processos espaciais que podemos ver uma fortíssima correlação cartográfica interligando as formas de renda e as dimensões de espaço, a renda absoluta se correlacionando ao espaço absoluto, a renda de monopólio ao espaço relativo e a renda diferencial ao espaço relacional. Daí as ilusões e o encantamento histórico da Geografia com a teoria do ótimo de Pareto – e a ilusão decorrente de que se possa ter justiça distributiva territorial efetiva numa economia de mercado.

Uma lógica contradita a outra. A economia de mercado se cria e se desenvolve criando e desenvolvendo a escassez; por isso que, de abundante, a terra se torna um bem escasso por sua apropriação privada. E vimos que essa é a origem da renda fundiária absoluta: a exclusividade de presença de uma atividade num lugar, explorado em condição de proprietário único do espaço, é a origem da renda de monopólio, uma exorcização, assim se pode entender, do caráter da renda absoluta. A propriedade do solo, que assim surge e se fortalece à medida que aí se implementam mais benefícios, é a origem da renda diferencial. Controlando-se os elementos da renda fundiária, tem-se, portanto, o controle daqueles da renda monetária, a renda monetária nutrindo a renda fundiária. A ordem mercantil se confunde com a esfera da propriedade privada do solo; por isso, não havendo contrariedade política ou institucional na correlação de forças da ordem espacial daí decorrente, são os processos sociais de mercado que veremos expressos na configuração das formas espaciais. Isso é mais que visível nas configurações do uso do solo urbano, expressão de um ato de escolha de localizações seletivamente apontadas pela lógica do interesse de realização econômica da renda fundiária. Um quadro decorrente do fato de que, na atualidade, conceito de renda e conceito de espaço estão unidos como um só ente, o que se justifica pela percepção de que, por trás das especificidades e diferenças dos processos, as formas urbanas e as cidades contemporâneas mais e mais se identificam e se aproximam a um só padrão de estética e forma de arranjo.

A renda fundiária é, entretanto, parte de um todo no qual, se por um lado tem um pé na esfera da circulação (a esfera do mercado), o outro pé está mergulhado na esfera da produção (a esfera que no fundo a gera). Assim, a gênese do espaço compartilha da relação da renda da terra com o valor-trabalho. Desse modo, a teoria da economia política do espaço mostra que este tem um caráter de abrangência mais amplo, remetendo qualquer política de justiça distributiva territorial rumo à totalidade do próprio modo de produção. O modo de produção é o todo que integra a totalidade das relações de produção e reprodução da vida, entre as quais está a relação de propriedade do solo e de apropriação do espaço, incluindo os mecanismos de coordenação que definem os modos e os parâmetros de integração do espaço à unidade total da economia. Vinculada genético-estruturalmente à terra (ao solo, no sentido que Harvey está empregando), no modo de produção capitalista, a renda fundiária é gerada junto à produção da mais-valia, seja a forma de produção da lavoura, da pecuária, do extrativismo, seja da construção imobiliária. Assim, renda e valor, a renda ligada à terra e o valor ao trabalho, respondem juntas pelas formas e processos que movimentam o espaço. A especificidade da renda é seu vínculo orgânico com a teoria da localização, diferindo do valor-trabalho, que tem por dimensão a escala da própria estrutura global do próprio modo de produção.

Harvey lista três componentes estruturais do modo de produção, do ponto de vista da sua tradução em espaço. Uma primeira, de tradução espacial direta e fixa, é a divisão territorial do trabalho, cujo arranjo espacial reúne a esfera da produção e a esfera da circulação, integrando-as ao tempo que as diferenciando em suas funções. É na esfera da produção que se gera tanto a renda fundiária quanto a mais-valia; e é na esfera da circulação que essas formas de valor se fundem para se realizar, enquanto valor, na forma do lucro e, assim, alimentar o ciclo da acumulação do capital.

Duas outras componentes estruturais do modo de produção, de tradução espacial mais difusa e dinâmica dentro da configuração da divisão territorial do trabalho, são os arranjos tecnológicos e os mecanismos de coordenação. Os arranjos tecnológicos são os objetos infraestruturais do espaço, isto é, os meios de produção fixos, em que se incluem as benfeitorias do solo, que respondem pela reprodução do processo de produção em ação continuada e atuam, assim, como garantias da produção futura e da perpetuação do modo de produção. Por sua vez, os mecanismos de coordenação são as relações que regulam as relações de conjunto e, assim, atuam como os modos de integração econômica em sua totalidade de espaço. Os meios de coordenação são um conceito que Harvey pede como empréstimo a Karl Polanyi, e que associa aos modos de organização social de Morton Fried. Harvey considera, combinando os conceitos de reciprocidade, redistribuição e mercado de troca, de

Polanyi, aos de igualitarismo, ordenação e estratificação, de Fried, três formas de modos de integração econômica que existiram na história, situando-as no contexto e estrutura da economia política do espaço capitalista: a reciprocidade, a redistribuição e o mercado de trocas. A reciprocidade é uma forma de mecanismo de coordenação associada a estruturas sociais igualitárias que encontramos atuando como modo de integração econômica nas sociedades passadas. Ela remete a uma relação em geral simétrica de transferência de bens, favores e serviços entre os indivíduos dessas sociedades que se pode exemplificar com a troca mútua ou a cooperação voluntária vazada em costumes sociais. Caracteriza esse modo de integração a inexistência prática da cidade, uma quase absoluta ausência de arranjos tecnológicos e, assim, o papel agregador das relações de parentesco. A redistribuição é uma forma de mecanismo de coordenação associada a estruturas sociais ordenadas que são encontradas atuando como modo de integração econômica nas sociedades mais evoluídas que as primeiras. A redistribuição remete a uma relação em geral estratificada, em que o excedente é produzido prevendo fluxo de parte dele para a sustentação de uma elite que tem o mando da sociedade. Caracterizam esse modo de integração a presença ordenadora da cidade, um desenvolvimento básico de arranjos tecnológicos e o papel agregador de instituições religiosas e burocráticas de administração. Por fim, o mercado de trocas é uma forma de mecanismo de coordenação associada a estruturas sociais estratificadas que são encontradas atuando como modo de integração econômica nas sociedades capitalistas. Caracterizam este modo de integração a presença diferenciadora do valor de troca, a forte presença de arranjos tecnológicos amplamente estruturados e desenvolvidos e o papel regulador dos preços.

Uma terceira componente estrutural, por fim, de tradução espacial fluida e móvel, é o circuito do excedente, expresso na forma configurativa das relocações e redistribuições dos polos de realização do valor no espaço. É aqui onde a ação dos mecanismos de coordenação e os respectivos modos de integração econômica aparecem de maneira mais explícita. O excedente nasce no âmbito da produção na forma da mais-valia. Uma vez gerada, a mais-valia se desloca da esfera da produção para realizar-se como lucro (e seus desdobramentos no juro e na renda fundiária) na esfera da circulação. Nas atividades em que a terra entra como meio de produção, é produzida a renda fundiária, junto e no interior da produção da mais-valia, quando uma vez a mais-valia realizada, a renda destaca-se da massa do lucro e daí se transfere como ganho do proprietário da terra. O excedente nasce, assim, em condições fixas nos poros da divisão territorial do trabalho, mas para ir se integrar a um movimento de circulação espacial intenso, deslocando-se num circuito de polos, de que o mais denso é a cidade, cujo urbanismo é a expressão mais clara, num ciclo de relação cidade-campo-cidade. Em termos históricos, a cidade vive inicialmente do campo e seu excedente de produtos, homens e renda, cuja massa se transfere para ela em volumes crescentes, à medida que se desenvolvem a economia e a divisão territorial de trabalho em funções produtivas e de consumo, distintivas, interdependentes e integradas. O momento histórico dessa separação é o advento da revolução industrial. A seguir, e como decorrência de a própria cidade tornar-se ela mesma um espaço produtor de excedente, por conta da indústria – e por isso fazer crescer um fluxo de troca de excedentes industriais entre as próprias cidades economicamente expandidas –, a cidade passa a viver do excedente do campo e também das outras cidades, introduzindo no circuito do excedente uma complexa hierarquia espacial urbana. Junto ao fluxo do excedente evolui como condição necessária todo um sistema de circulação, de que decorre um movimento de reconfiguração constante da relação forma-espaço-processo, com o preço atuando como mecanismo de coordenação e modo de integração econômica de todo o conjunto. Com isso, o circuito de excedente se generaliza como relação espacial, num moto contínuo de entrada de mais-valia na circulação para produzir mais-valia em escala incessante, a relação cidade-campo se arruma nos termos dos anéis de Von Thünen e o conjunto da organização do espaço vira um sistema de cidades nos termos configurativos de Lösch.

A justiça distributiva territorial aparece como um contraponto dessa estrutura espacial em que o circuito do excedente, o mecanismo de coordenação e o modo de integração econômica do dinheiro são a base. As tensões geradas pelas relações de suas formas e processos são o seu alvo, e é nessa economia política do espaço com sua ordem social que a justiça distributiva deve ser pensada.

A economia política da produção recíproca do espaço e da natureza de Neil Smith

O epicentro da teoria de Smith é o movimento de vaivém de diferenciação-equalização que o valor-de-troca estabelece entre o espaço e a natureza e que designa por desenvolvimento desigual. Isso o leva a ter que recriar esses três conceitos e refazer o percurso de suas interligações.

Smith entende que, no enfoque da geografia tradicional, como de resto no pensamento geral, prevalece o conceito de natureza como uma realidade formada de objetos de origem não-humana e, por isso, externa ao homem. A natureza é o arsenal das matérias-primas com as quais o homem vai constituir a sociedade humana, e, sob essa forma, é uma fronteira que a indústria capitalista mais e mais faz recuar no tempo. Todavia, a natureza é, ao mesmo tempo, concebida como uma realidade de caráter universal, quando referida ao homem, portador de uma natureza humana, que rege o seu comportamento de modo análogo ao dos objetos, portadores de uma natureza natural. Há, assim, um conceito de natureza a um só tempo externa e interna cuja significação nunca é indagada pelo geógrafo. Essa visão dúplice engendra a contradição e a ambiguidade de a natureza ser vista como externa e universal e, ao mesmo tempo, como "um de fora" (a natureza dos objetos externos) e "um de dentro" (a natureza humana e universal), donde se deduz que, ao lado da dicotomia do "de fora" e do "de dentro", há a noção de o comportamento social ser tão natural quanto o dos objetos naturais externos, e vice-versa, por suas determinações mais íntimas.

Sabe-se que essa ambiguidade vem de Kant, que separa as paixões humanas, explicadas como uma natureza interior, do meio ambiente social e físico, explicado como uma natureza exterior, e daí deduz o papel de ponte da mente entre o homem individual e o meio natural físico e exterior da cultura, e entre o coletivo humano e esse meio. Foi a tese do "de fora" que veio então prevalecer como conceito de natureza no ocidente burguês moderno. Esse pensamento moderno vindo de Kant foi, entretanto, anteriormente formulado por Bacon, como pressuposto de um conceito da ciência como a ação do homem perante a natureza, entre si reciprocamente externos, cabendo à ciência e à técnica, fundidas nas artes mecânicas, diga-se, a indústria, o papel utilitário da costura da unidade.

Assim, por um lado perfila-se uma concepção em tudo comprometida com o projeto de instauração da indústria e seu objetivismo de relação utilitária com a natureza como base e fundamento econômico da sociedade burguesa que está sendo construída; por outro, uma concepção comprometida com a ideia da natureza como uma essência, por isso universal, de todas as coisas, falando-se tanto dos objetos externos quanto do homem. Concepções que vão acabar por somar-se dentro do processo de constituição da sociedade burguesa como uma sociedade nova na história, de essência por definição universalista, instalando-se a ambiguidade da natureza como fundamento da economia política do capitalismo e, por isso, nele por sua vez se informando. Daí que esse projeto de constituição só faça avançar e se consolidar quando sua base material e cultural se desloca da física de Newton para a revolução industrial, mesmo quando Darwin ensaia um movimento de retorno da natureza, ao lado e através do homem, ao seio da história, a história natural, da qual fora excluída pelo naturalismo mecanicista de Newton.

Assim, não é de se estranhar que Smith resolva também contemplar em suas análises a recepção que o tema vai ter no âmbito literário e científico norte-americano do século XIX, quando exterioridade e universalidade vão de novo se encontrar e aparecer como o ângulo que domina o debate da concepção da natureza, materializado no tema da paisagem, por conta do Romantismo. Mesmo que sirva ao fim ideológico de legitimar a conquista dos territórios do além-fronteiras, o dualismo aparece na forma do contraponto selvagem *versus* civilizado, selando a relação utilitária, o propósito de justificar a marcha vitoriosa da civilização moderna contra a barbárie indígena, e mesmo quando mais para a frente sirva ao discurso de um movimento de "retorno à natureza", que aos poucos emana dessa mesma civilização, quando já urbana.

Smith vê Marx indo a contrapelo dessas concepções, explicando-a pela própria ambiguidade do valor. De um lado, Marx retoma e dá curso às teorias econômicas clássicas que vinculam o homem e a natureza ao redor do valor-de-uso. De outro, introduz, embora pouco a desenvolva, a teoria de um caráter metabólico de fundo essencialmente antropológico dessa relação. Então, dessa ambiguidade, ele retira a reafirmação do conceito hegeliano de alienação. Assim, por um lado Marx clareia à luz da dialética de Hegel, mas após operar a famosa inversão que retira a dialética do terreno do idealismo para plantá-la no do materialismo filosófico, o duplo interno-externo que baliza a concepção burguesa de relação do homem e da natureza. Por outro lado, antecipa criticamente a afirmação dualista que a seguir vai germinar na economia pós-clássica que elimina do discurso o sentido de universalidade da natureza que era a base do conceito dos economistas clássicos, em benefício da concepção da natureza como mundo de objetos externos do pragmatismo utilitário baconiano. Indo assim na contracorrente, Marx retoma o significado ontológico da relação natureza-história, logo ratificado pelas teorias de Darwin, consagrando o caráter de história tanto da natureza quanto do homem e da relação entre eles, para reafirmar o conceito de natureza e de homem na referência e na interioridade da história deles mesmos.

Para rastrear o pensamento de Marx, Smith se vale do estudo clássico de Alfred Schmidt, *O conceito de natureza em Marx,* de 1962, e da concepção de que o sentido geográfico sobre a natureza não está ausente no pensamento de Marx. O ponto de partida é a afirmação da inexistência de uma paisagem natural que preceda a história humana em qualquer canto do planeta, feita em *A ideologia alemã* e em *Teses sobre Feuerbach*, em que critica o conceito de prática sensível de Feuerbach, e a discordância de se ler a relação do tipo de uma natureza *a priori* e *a posteriori* do homem, sem se perceber que esta é uma relação que se passa dentro da natureza, ao mesmo tempo em que dentro da sociedade, por entender que se deve sempre vê-la como uma interação dialética de sujeito e objeto. Essas teorias são reforçadas a seguir pelo sentido metabólico com que Marx concebe a relação em *O capital*. Nessa concepção mais ampla, o homem é para Marx mediatizado pela natureza, assim como a natureza é mediatizada pelo homem, uma relação que é realizada no e como processo da história e que ele localiza no e como momento do trabalho. É no metabolismo do trabalho que Marx põe a gênese e o movimento de tudo o que se torna atributo do homem, a exemplo do conhecimento, da linguagem e da própria ontologia do homem, tudo se originando, se movendo e se significando dentro e na medida do processo da relação interativa com a natureza. Por fim, Smith toma por sua a consideração de Marx de que o homem já vive uma relação social ainda na fase intranatureza do metabolismo, na forma da cooperação, sem a qual a natureza não se transforma em sociedade e a sociedade deixa de ser vista como uma natureza socialmente transformada. É essa relação social, uterina à própria natureza, a substância que opera o salto recíproco de história natural a história social em que o homem transforma a natureza ao tempo que se transforma a si mesmo, e assim um e outro se desenvolvem e progridem simultaneamente.

O conceito do espaço é a forma e a mediação na qual se materializa essa relação a um só tempo de exterioridade e anterioridade que metabolicamente se dá entre a natureza e o homem. A tradição, seja a geográfica, seja a geral do pensamento, só considera o primeiro aspecto e, por isso, vê o espaço como um receptáculo universal, onde toda a realidade está e existe, tal como encontramos no conceito do espaço absoluto de Newton. Entretanto, como não existe espaço sem matéria e matéria sem espaço, o espaço absoluto é desdobrado pelo próprio Newton no espaço relativo. O espaço absoluto é por definição vazio, semelhante e imóvel em toda a sua extensão, enquanto o espaço relativo é o próprio espaço absoluto quando se determina pela presença dos corpos que o ocupam. Nessa combinação de dimensão dupla, o espaço se torna, de um lado, o absoluto, um dado universal, e, de outro lado, o relativo, um dado da existência, o duplo querendo falar de universalidade e particularidade, exterioridade e internalidade, num termo dialético. Ao tempo que o espaço absoluto exprime a universalidade que encaixa num quadro geral de abrangência da totalidade dos fenômenos, o espaço relativo exprime a ordem da internalidade do fenômeno, permitindo e admitindo que este apareça sob ampla diversidade de nominações fenomênicas, assim surgindo o espaço físico, o espaço psicológico, o espaço social e o espaço geográfico.

Todavia, com o surgimento de correntes novas de pensamento geral e no campo da Física, a exemplo da teoria da relatividade, o conceito de espaço sofre o aditamento do conceito do tempo. Assim, acontece com o espaço o que antes acontecera com a natureza em Darwin: ganha igualmente um forte sentido de história. É por onde Smith insinua um conceito de espaço inspirado nas categorias da economia política de Marx, invertendo a ótica dos atributos. Smith entende que, no intuito utilitário, a modernidade científica orientara a construção das duas ordens do conceito, em que o espaço absoluto aparece como universal em face de sua vinculação ao valor-de-troca e o espaço relativo como particular em face do valor de uso. Um artifício da economia política do capitalismo, assim como o fora da física clássica com a lei da gravidade, de, na verdade, conferir ao valor-de-troca um caráter de valor universal válido como conteúdo geral comum a todas as culturas, e ao valor-de-uso um caráter de valor concreto. Contrariamente Smith vai, então, vincular o espaço absoluto ao valor de uso, o valor em sua forma concreta, e o espaço relativo ao valor de troca, o valor em sua forma abstrato-universal, de modo a desmontar a ordem ideológica que informa o uso do espaço no capitalismo e mostrar a ótica real que comanda a relação entre a natureza, o espaço e o capital – daí o subtítulo do livro.

Smith primeiramente vincula a natureza aos valores-de-uso, portanto aos trabalhos concretos, e assim ao espaço absoluto. A seguir, o valor-de-troca ao trabalho abstrato, e assim ao espaço relativo. Tudo, pois, continua a remeter ao espaço absoluto enquanto suporte do espaço relativo, mas numa relação de sinais trocados. O espaço absoluto é agora o suporte não por seu atributo de universalidade, mas de singularidade, uma vez que o valor-de-uso, seu atributo, por o ser da natureza, é o suporte do valor-de-troca. E o espaço relativo, cujo atributo é o valor-de-troca, agora está no nível da universalidade.

Natureza e espaço evidenciam-se, pois, como faces de um mesmo movimento, que será demonstrado por Smith. Seu ponto de partida é o conceito metabólico do trabalho de Marx, o vínculo que interliga a natureza e o homem e que, em Smith, vai interligar a natureza e o espaço. O trabalho em Marx é o processo no qual a natureza entra na relação com o homem como um universo de valores-de-uso; o mesmo valendo para o homem em relação à natureza. No metabolismo, homem e natureza trocam seus valores-de-uso, isto é, as propriedades geométricas, químicas e físicas de cada um, o homem entrando com o valor-de-uso de seus braços, pernas, cabeça e mãos e a natureza com a dos seus corpos, daí decorrendo a geração de novos valores-de-uso. Nesta quadra o metabolismo aparece como uma diversidade de formas concretas e individualmente identificadas de trabalho, que Marx denomina trabalho concreto, e que Smith designa de espaço absoluto e vê como uma multiplicidade de lugares singulares de produção, onde, em cada qual, múltiplos homens empregam múltiplos valores-de-uso naturais para produzir, com seus múltiplos trabalhos concretos, múltiplos valores-de-uso de todo tipo. A singularidade, a concretude empírica e a horizontalidade são as particularidades desse espaço. A presença da troca muda as qualidades da relação. Os valores-de-uso são transformados em valores-de-troca, dissolvendo-se no nível da verticalidade geral e abstrato das relações, e o espaço absoluto se transfigura no espaço relativo. Tudo passa a ser visto pelas relações da abstração recíproca: o valor-de-uso pelo valor-de-troca, o trabalho concreto pelo trabalho abstrato, o espaço absoluto pelo espaço relativo, a natureza por essa plêiade de relações enfeixadas nas escalas de espaço.

Duas naturezas assim se formam num acompanhamento desse duplo de espaço: a natureza do espaço absoluto (primeira natureza) e a natureza do espaço relativo (segunda natureza), respectivamente. A reprodução é o elo desse duplo. O caráter de regularidade da repetição das necessidades mobiliza a relação metabólica em caráter de repetição também regular, e dá origem a um ciclo de reprodução da produção de valores-de-uso que supõe a preexistência de uma segunda natureza, isto é, um conjunto de valores-de-uso na forma de meios infraestruturais de produção que se superponha e interaja com a primeira natureza no âmbito do espaço absoluto. A segunda natureza vem, assim, da transformação da primeira, no ato de transformação dos seus valores-de-uso naturais em valores-de-uso novos, entre os quais os que vão servir de meios de produção de valores-de-uso futuros como prédios, meios de transporte e meios de comunicação. Daí a segunda natureza confundir-se com a esfera da circulação e a encontrarmos formando o espaço relativo, com parte no espaço absoluto, e a primeira confundir-se com a esfera da produção e assim manter-se vinculada ao espaço absoluto. Embora distintas, frequentemente se unem e se fundem na sequência cíclica da reprodução do metabolismo, numa interação historicamente determinada nas sociedades.

Duas componentes no geral intermedeiam essa relação em qualquer forma de sociedade: a divisão territorial do trabalho e a corporeidade. Nas sociedades antigas essas componentes são mediações típicas da primeira natureza à qual praticamente o metabolismo se limita. A divisão territorial do trabalho é talvez a componente principal, embora se resuma nessas sociedades a divisão do trabalho por sexo, uma forma de divisão biológica de trabalho que podemos tomar como a primeira forma de divisão do trabalho na história, que na sequência do tempo ganha um caráter cada vez mais territorial. Mas tão importante quanto ela é a corporalidade do homem, de início limitada ao uso do corpo e que, com o tempo, se potencializa e exterioriza na forma da técnica.

Isso muda quando surge o excedente; com o excedente, a troca em caráter regular; e com a troca regular, a produção para a troca. Estamos já na fase das sociedades modernas. A produção para a troca introduz a propriedade privada das fontes de valor-de-uso tanto da primeira quanto da segunda natureza, levando uma e outra a entrar na relação metabólica com o fim de produção de valor-de-troca. A produção para a troca introduz a diferenciação do valor-de-uso e do valor-de-troca, surgindo assim o duplo da natureza junto ao duplo do espaço. O espaço e a natureza são orientados para o fim e o propósito do mercado. E tudo começa por uma divisão territorial do trabalho que separa cidade e campo por sua especialização produtiva. Isso dá origem a um espaço relativo que passa a ser o parâmetro de organização do espaço absoluto e, na ligação com ele, também a uma segunda natureza, que passa a substituir e fazer a função da primeira em toda a superfície terrestre. Mas as necessidades dessa moderna economia de excedente estimulam o surgimento do equivalente a uma terceira natureza, particularmente no vínculo com o conhecimento científico e técnico que reproduz a primeira natureza na consciência, e e o desenvolvimento da esfera do Estado para além do seu caráter de instituição política. É ao Estado, não mais ao próprio homem, que cabe agora mediar, regular e controlar a incorporação da diferenciação da natureza aos ciclos da reprodução metabólica, orientando-a não mais para a produção de valores-de-uso, mas valores-de-troca.

O fundamento dessa sociedade, centrada na produção do excedente para o fim do mercado, é o lucro privado, em função do qual se organizam as três esferas da natureza, com transbordamentos para a apropriação do espaço em sua dupla forma. Citando Rosa Luxemburgo, Smith observa que não é o surgimento do excedente em si a origem dessa trajetória da relação entre natureza e espaço nem mesmo o surgimento da troca. O excedente é uma condição necessária da reprodução, gerando e acumulando elementos de reprodução seja na forma dos meios de subsistência, seja de infraestrutura de objetos espaciais formadores da segunda natureza, que atuam como os valores-de-uso necessários à realização da produção sempre ampliada de valores-de-uso novos. A determinante que leva o excedente a produzir e alimentar uma produção para a troca é a instituição da propriedade privada. Esta é a origem do lucro privado, a origem do Estado e a origem da alienação que separa, numa relação de estranhamento, o homem e a natureza a partir da separação entre o valor-de-uso e o valor-de-troca, cuja lógica a tudo subordina.

Primeiramente essa lógica subordina o espaço relativo. Depois se transfere, por intermédio do espaço relativo, para a natureza, emprestando-lhe uma racionalidade que a faz ser vista a um só tempo como universal e diferenciada. Por fim, chega à esfera do espaço absoluto, quando a alienação recíproca entre natureza e homem atinge a esfera da própria consciência, a ponto de não mais se ver o homem e a própria segunda natureza como natureza. O mesmo sucede com o espaço, com o agravante de que este passa a ser visto como um receptáculo geral onde a natureza e o homem habitam, porém na estranha situação de natureza e homem se encontrarem no plano do espaço, embora natureza, homem e espaço estejam dissociados de qualquer nexo de relação orgânica maior entre si.

É quando tanto a natureza quanto o espaço viram consciência pura no âmbito da ciência e da técnica, dissociadas da corporalidade humana porque possuidoras também da mesma racionalidade e universalidade do valor-de-troca. Forma-se uma ideologia da natureza que esconde que a primeira natureza, a do metabolismo dos valores-de-uso com o homem, perdeu seus traços de originalidade, suprimida junto à segunda pelo valor-de-troca. Uma alienação do real que começa pela supressão da própria força de trabalho, valor-de-uso natural que é subtraído do homem para virar mercadoria tanto no espaço relativo quanto no absoluto, o que faz a primeira natureza aparecer neste contexto diferente da segunda pelo artifício de a primeira ser não-humana e a segunda humana, a primeira ser natureza e a segunda não. Forma-se, outrossim, uma ideologia do espaço; a aparente duplicidade em absoluto e relativo é a condição de produzir a ocultação do caráter de produção e a produção dúplice da natureza.

Equivocam-se os que, assim, acusam Marx de uma não-espacialidade em seus conceitos e análises. O conceito de valor nele é essencialmente espacial. Além disso, o vínculo do valor-de-troca com o trabalho abstrato estende a relação espacial para a produção espacial da natureza, do homem e das próprias instituições da sociedade, todas vindo dessa preliminar de que, para produzir religião e música, o homem antes tem que garantir a reprodução permanente da sua própria vida. É o que na realidade faz a produção capitalista. O valor-de-uso remete ao espaço absoluto, com suas localizações fixas dos nichos de trabalho concreto e a ampla distribuição desses nichos numa extensão que se vai confundir com a divisão territorial do trabalho. Marx analisa-o ao detalhe no estudo do processo da produção. O valor-de-troca remete ao espaço relativo, esfera da transformação do trabalho concreto e seu valor-de-uso no trabalho abstrato e no valor-de-troca, respectivamente, completando na realização do valor. Marx analisa-o no estudo do processo da circulação. E o todo se integra no movimento conjunto do processo global da reprodução, em que o valor produzido no espaço absoluto aparece como a matéria-prima da produção do espaço relativo, e o espaço relativo, por sua vez, adquire a forma da esfera da circulação e das trocas, o mais-valor aí se realizando no lucro e daí voltando ao espaço absoluto para abrir o ciclo novo do eterno movimento reprodutivo. Marx analisa-o no estudo do esquema da reprodução. Estamos falando, respectivamente, dos livros 1, 2 e 3 de *O capital*. É onde fábricas, meios de comunicação e transportes e cidades povoam as paisagens, numa relação de espaço absoluto-natureza-espaço relativo enfim revelada, bastando saber lê-la em escala. E é a escala espacial para Smith o nome geográfico do desenvolvimento desigual.

Por desenvolvimento desigual Smith entende o movimento de diferenciação e equalização espacial do valor que tem origem no entrelaçamento que o espaço absoluto e o espaço relativo estabelecem entre si dentro do movimento de reprodução cíclica do processo metabólico do trabalho. Trata-se do resultado de uma dialética intrínseca ao próprio espaço do capital que a tradição marxista compreendeu de modo equivocado.

O cerne dessa contradição é a forma como espaço absoluto e espaço relativo se arrumam em suas respectivas relações com o metabolismo do homem e da natureza no interior da divisão territorial capitalista do trabalho. Um tema no qual o equívoco agora é da tradição geográfica. A geografia comercial, com a qual a geografia tradicional se confundiu por tanto tempo, viu-a pelo prisma das vantagens comparadas, uma relação que o desenvolvimento do capitalismo engendrou em seus começos de mundialização, para ele mesmo logo abandonar com a marcha da industrialização. Dela esteve perto a geografia da diferenciação de áreas, de Hettner, importante na geografia norte-americana dos anos 1950, mas sem compreender também o cerne do processo. Superior à geografia comercial, essa corrente da geografia clássica equivocou-se sobretudo quanto ao caráter diferencial do espaço, levantando o tema da diferenciação, mas não o compreendendo de modo suficiente. Mais longe esteve a geografia teorético-quantitativa, ao reduzir o espaço a uma pura abstração matemática, dissociando-o não só da natureza e do homem mas também de qualquer laivo de conteúdo.

O fato é que tanto a tradição geográfica quanto a tradição marxista deixaram de perceber nos interstícios da relação espaço absoluto-natureza-espaço relativo a dialética da diferenciação e da equalização que comanda o movimento reprodutivo do capital e o faz mover-se como um desenvolvimento em tudo desigual.

A diferenciação tem por base a divisão territorial do trabalho sobre a qual se organiza a produção e a sociedade capitalista. Pode-se vê-la em três escalas distintas: a geral (entre as atividades principais), a particular (entre os setores dessas atividades principais) e a específica (entre os processos do trabalho na fábrica). A essas três escalas da divisão do trabalho se combinam, dentro da divisão territorial, as três escalas da divisão do capital: a divisão em departamentos, a divisão em setores e a divisão em unidades individuais. Daí resultam, então, quatro escalas de diferenciação espacial: a divisão geral em departamentos, a divisão particular em setores, a divisão em capitais individuais e a divisão específica do trabalho dentro da fábrica. A divisão geral tem por base a separação funcional entre campo e cidade. Embora historicamente essa forma de separação espacial não provenha do capitalismo, é, entretanto, sobre ela que as relações capitalistas vão se organizar na medida em que tem, entre seus fundamentos, a separação estrutural entre a agricultura e a indústria – a agricultura vindo a ficar como função do campo, e a indústria da cidade, campo e cidade se separando na esfera diferenciada da produção, mas se integrando na esfera unificada do mercado. A divisão em departamentos não é referenciada num imediato do espaço, vindo juntar-se a este numa correspondência com as funções econômicas respectivas da agricultura e da indústria no sistema global da economia e já numa tese antecipada por Marx de uma futura fusão na própria esfera da produção entre essas duas partes. Marx divide o sistema econômico do capitalismo em Departamento I, de meios de produção, e Departamento II, de meios de consumo, sendo o valor-de-uso diferenciado nos departamentos. Já o valor-de-troca vem da relação recíproca entre mercados, pelo consumo dos produtos um do outro, que assim se estabelece: o Departamento I consome parte de seus produtos e parte dos produtos do Departamento II, o Departamento II se comporta analogamente e o valor se realiza em 100%. É esse o esquema da reprodução global de Marx, a agricultura vindo a integrar o Departamento II, numa noção teórica de integração da agricultura e da indústria que vem a se tornar realidade na sociedade capitalista mundialmente a partir dos anos 1950. A divisão por setores de atividades e a divisão por capitais individuais (as empresas), ao contrário, têm o espaço por base de modo mais direto, repartindo-se na paisagem de maneira mais clara e visível enquanto componentes da constituição imediata do espaço absoluto. A rigor, os setores de atividade se distribuem por meio da localização das empresas e seguem o movimento dos seus rearranjos, em particular, os efeitos espaciais das tendências de concentração e centralização que comandam a vida das empresas em suas disputas de mercado. A concentração e a centralização dos capitais levam as empresas a realizarem o mesmo movimento em termos de espaço, concentração no espaço absoluto e centralização no espaço relativo. Por fim, a divisão específica do trabalho é mais própria do interior das fábricas, de onde transborda para o espaço urbano e, em geral, mal se estende para além da paisagem da cidade.

Já a equalização tem por base o circuito do valor-de-troca. Seu âmbito é o espaço relativo, e assim como o espaço absoluto é a matéria-prima do espaço relativo, a diferenciação é a matéria-prima da equalização. O motor da equalização é o movimento do valor-de-troca para o fim, seja de igualização das condições da exploração do trabalho e das condições de produção, ambas ocorrentes no espaço absoluto, seja de nivelamento das taxas de lucro, estas definidas no próprio plano do espaço relativo. Cada local da diferenciação é um ponto que faz do todo do espaço absoluto um universo de múltiplos lugares de produção de valor-de-uso. Cada empresa aí localizada, conforme seu setor de atividade, distingue-se por um valor de produção próprio que depende do nível das suas forças produtivas, do preço das matérias-primas que usa e do montante e do preço da força de trabalho que emprega. O conjunto das empresas de cada setor em cada lugar resultam num valor médio de produção que o processo das trocas buscará equalizar para o conjunto total dos setores e lugares, através de um ponto médio geral que será a base de cálculo que orientará as próprias empresas em busca de uma taxa de lucro compensadora dos investimentos, em suas disputas por domínio de mercado, determinando, ao fim, a taxa da acumulação do capital individual e global do sistema capitalista no período. Sucede que cada empresa, em seus distintos setores e lugares de inserção, vai por sua vez buscar colocar-se acima dessa média geral do sistema, substituindo tecnologia, barateando gastos com matérias-primas, reduzindo o volume da força de trabalho empregada, diminuido custos e elevando a produtividade, de modo que se ponha em vantagem na relação de mercado, restabelecendo, assim, a diferenciação, a que corresponde nova onda de equalização, e assim sucessivamente, numa alternância de tendências que dinamiza, em caráter permanente, a cadeia da relação espacial.

Diferenciação e equalização são, assim, fenômenos espaciais respectivamente comandados por um movimento de tendências contrárias em que o espaço absoluto responde com nova diferenciação e o espaço relativo com nova equalização, num desenvolvimento desigual, como numa lei espacial que regesse a acumulação do capital e, como um todo, o próprio modo de produção capitalista. É essa lei que está por trás do aumento crescente da concentração e da centralização que leva o desenvolvimento desigual a manifestar-se como um desigual desenvolvimento entre cidade e campo, regiões ou países desenvolvidos e países subdesenvolvidos.

Visando administrar essa tensão numa espécie de lei espacial de contratendências, o capital divide o espaço absoluto na tríplice escala do espaço urbano, do espaço da Nação-Estado e do espaço global, além de orientar o movimento do valor-de-troca na forma de um vaivém de um plano do espaço para o outro, com o objetivo explícito de conferir um estado de equilíbrio de conjunto entre as relações espaciais. Nesse movimento de vaivém o capital se descentraliza e se concentra para, em seguida, voltar a se centralizar e se desconcentrar, em termos de estabelecimento das empresas e setores entre os lugares, levando as relações entre o espaço absoluto e o espaço relativo a se ativarem nos formatos respectivamente de um fixo (descentralização e concentração) e de um fluxo (centralização e desconcentração) – de fixos no fluxo, como diz Smith –, cujo resultado é um todo espacial em um movimento cíclico de reestruturação permanente.

A estrutura ecológico-territorial da sociedade de Massimo Quaini

O epicentro da teoria de Quaini é o que ele chama de estrutura ecológico-territorial das sociedades, por ele entendido como uma chave essencial da relação história-natureza. Os fundamentos geográficos de uma sociedade, diz ele, repousam na sua estrutura ecológico-territorial, um todo centrado no vínculo-desvínculo do homem com a natureza que lhe está na base. À luz dessa teoria Quaini vê duas formas gerais de sociedade: as sociedades naturais e as sociedades históricas, com a acumulação primitiva do capital como marco de clivagem entre uma e outra no tempo.

A acumulação primitiva é o fenômeno histórico que separou o homem da terra e da sua própria força de trabalho. Por conta disso, desfez o laço comunitário segundo o qual vivia em sua relação com os outros homens. Desse entendimento Quaini extrai a compreensão da acumulação primitiva como processo histórico de separação do homem da natureza e da vida em comunidade, quebrando por meio dessa separação sua relação de raiz e criando o homem alienado de si de hoje. A fixação da relação com a terra, observa, firmava uma relação do homem com os objetos do trabalho, os meios do trabalho e a força de trabalho em seu conjunto unitário, e, assim, com a natureza e o território, base de sua relação comunitária, e esse modo de vida é o que a acumulação primitiva desfaz, engendrando um modo de vida de feição geográfica oposta. Há, assim, um fio de linha de relação história-natureza que separa em duas etapas, diferentes e opostas, a forma geográfica de existir distinguidas em antes e depois da acumulação primitiva: enquanto as sociedades naturais extraem suas raízes da comunidade primitiva, as sociedades históricas a extraem da acumulação primitiva.

Quaini acompanha aqui a teoria da história de Marx e corrobora suas considerações de que, para entender a relação atual e pensar a relação futura, antes é preciso entender a relação de separação que então se estabelece, sendo, no fundo, o esforço no sentido dessa compreensão e da sua superação efetiva o fundamento e o propósito da filosofia e do materialismo histórico de Marx, que fazia, em suas análises, remissão ao campo crítico da economia, por isso mesmo designadas por ele como crítica da economia política.

Marx devota a esta temática da relação de separação do homem e da natureza a maior parte das obras anteriores a *O capital*, obra na qual, e a partir de, ao ter de tratar do processo da produção em sua essência concreta, condição necessária a poder traçar a crítica da economia política do capitalismo, desloca sua reflexão da relação de separação para o metabolismo do trabalho (ou o trabalho como relação metabólica). Para isso, Marx faz a crítica profunda do modo como, de Kant a Hegel e a Feuerbach, se vê a relação entre liberdade e necessidade, campo real em que o tema da hominização ou da alienação ocorre precisamente por ser essa a questão real da relação do homem e da natureza, pendida para o lado da alienação justamente com a acumulação primitiva. Daí infere que toda ciência só é real se, e quando, parte da consciência sensível e da necessidade sensível, concordando com Feuerbach quando este afirma serem a natureza e o homem as grandezas essenciais da operação de toda teoria, porém quando apreendidas no curso de suas recíprocas relações na história. Daí o erro de Feuerbach de não entender que, cada vez que nossa percepção se remete ao mundo sensível, estamos nos relacionando com uma realidade em si mesma já produto da própria prática humana, do mesmo modo que, por isso, já não é a mesma do olhar de antes, e não será a mesma do olhar futuro, e que a própria percepção que olha é ela também fruto dessa mesma prática. Mas Feuerbach olha o real sensível como se a prática histórica do homem, na qual evolui tanto a percepção quanto a paisagem sensível que se percepciona, inexistisse, Marx entendendo, assim, que homem e natureza vivem uma relação de interação recíproca, não só em termos de ontologia (homem e natureza vindo de uma mesma história natural) como também em termos de história universal (a paisagem natural que constantemente se modifica em escala planetária em presença do homem), e criticando Feuerbach por se dar conta da primeira, mas não da segunda.

Mas não se dá conta por que Feuerbach, na linha de toda a filosofia idealista alemã, com a qual só rompe em parte, vê o real acontecendo no plano exclusivo do espírito, a história sendo concebida como o autodesenvolvimento da ideia, o real sensível, a exemplo da paisagem, aparecendo como um mero receptáculo desse movimento, e não como história concreta, que existe e ocorre enquanto e como realidade sensível. Concebesse assim, perceberia a história real do homem na sociedade moderna como a história da expropriação do homem em relação à natureza e a comunidade e da natureza em relação ao homem e sua vida comunitária, isto é, separação do produtor dos seus meios de produção e de suas condições de trabalho, e estes reciprocamente dele, com todas as sequelas da alienação, como o resume Quaini.

Desse modo, diz Quaini, sempre acompanhando Marx, distinguem-se as formações naturais e as formações históricas, nas quais ocupam lugar estrutural diferente a terra, os recursos naturais, a distância, o espaço, a posição, a disposição territorial, a região, a técnica e o trabalho enquanto realidades geográficas concretas.

As sociedades naturais, isto é, pré-capitalistas, caracterizam-se por se estruturarem, em geral, com base num esquema de reprodução simples, combinado à terra como um laboratório natural. São sociedades nas quais as atividades humanas estão centradas na produção de valores-de-uso, e assim voltadas para a manutenção do produtor e sua família, na conformidade da manutenção da comunidade. Assim, o produtor está em relação de propriedade com os meios e as condições objetivas de produção, e os pressupostos materiais (prédios, meios de circulação etc.) formam com o trabalho uma unidade natural num vínculo fundiário de corporalidade (uma relação orgânica com a terra no seu todo natural). As estruturas territoriais dessas sociedades centram-se e confundem-se; por isso, há uma divisão natural do trabalho, na qual entram tanto as diferenciações biológicas do homem quanto as naturais do meio, arrumadas no seu todo numa relação de cooperação por meio da qual tempo de trabalho e tempo de produção se confundem no calendário, numa relação que reproduz a própria relação de solidariedade ecológica do meio. Nelas, as relações industriais, qual sejam, as relações centradas na transformação das condições naturais externas de produção, comandam a relação do homem com a natureza, numa forma de integração em que não se distinguem o que vem da natureza do que vem do homem, como as sementes, plantas e animais modificados pela ação humana e os próprios meios de vida (alimentos, vestuário, habitações) e condições materiais de produção e trabalho, que se juntam às demais de origem natural (plantas, animais, águas, clima, topografia, solo) por serem todas compreendidas como elos da troca orgânica do homem e da natureza. Essas características, ainda que diferenciadas nas formas oriental (asiática), antiga (greco-romana) e germânica, movem-se, no geral, num plano de tênue equilíbrio entre as forças produtivas, basicamente limitadas aos recursos e ao tamanho da população, e a necessidade de a comunidade autorregular-se em sua reprodução de conjunto, essencialmente dentro das possibilidades desses limites. E é a tendência à ultrapassagem desse equilíbrio, aqui pelas alternâncias da oferta do meio natural e acolá pelo aumento da população, o seu problema permanente. Ali onde, a exemplo da forma antiga, a propriedade individual e em decorrência dela uma relação cidade-campo encontram-se instituídas, o equilíbrio frequentemente se rompe, abrindo para a possibilidade de dissolver-se a forma de sociedade existente. Foi por onde entrou a acumulação primitiva, a sociedade feudal, para Quaini uma sociedade de situação mista, oferecendo o quadro de situação histórica propícia.

As sociedades históricas de modo de produção capitalista são o resultado da acumulação primitiva. Nelas a relação fundiária é substituída e sobreposta pela relação social do capital; o valor-de-uso dá lugar ao valor-de-troca; o trabalho concreto ao trabalho abstrato; e a reprodução simples dá lugar à reprodução ampliada. A divisão territorial do trabalho, fruto da relação de separação radical do homem e da natureza, apoia-se na separação entre campo e cidade. E por conta dessas características são sociedades batidas por tensões ecológico-territoriais permanentes. Aqui, o homem se encontra duplamente expropriado de sua relação com a natureza, perante a terra e perante a sua própria força de trabalho, duplicidade que é o cerne da acumulação primitiva e a base sobre a qual a sociedade capitalista ergue sua estrutura e se reproduz permanentemente.

A quebra do vínculo do homem com a natureza começa com a do seu elo orgânico com a terra. Este é dissolvido enquanto laboratório natural por dupla forma de separação, de um lado é separada do homem e de outro dos demais elementos da natureza, a primeira pela expropriação da propriedade e a segunda acompanhando a separação entre a agricultura e a indústria, a terra se tornando solo agrícola e meio de produção principal da agricultura e o restante da natureza virando o arsenal de matérias-primas requisitadas pela indústria. Despojado da terra e ficando de posse apenas de sua capacidade física e intelectual de trabalho e obrigado pela necessidade de sobrevivência a ter que vendê-la, o homem é despojado agora de sua própria força de trabalho. Separado das condições objetivas e subjetivas da produção e do trabalho, que até então mantinha como condições suas, o homem vê-se a si mesmo e à natureza, respectivamente, se desintegrando no plano estrutural e dissolvidos os seus elos. A transformação da terra em mercadoria e a expulsão que converte o homem em homem disponível para o emprego no trabalho funde o desmonte ecológico ao territorial, unindo as duas pontas numa forma de estrutura ecológico-territorial nova na história, nascendo o modo de produção e de vida do capitalismo.

A dissociação que separa campo e cidade como duas metades da divisão territorial do trabalho é a base do formato geográfico dessa estrutura ecológico-territorial. Campo e cidade são entes geográficos já presentes nas formas do modo de produção pré-capitalista. A cidade é um ente geográfico praticamente ausente na forma germânica. Na forma oriental é um poder principesco que se superpõe às aldeias comunitárias. E na forma antiga é o centro que organiza um território rural-latifundiário. A cidade estabelece, assim, a diferença entre essas formas do pré-capitalismo, embora, a rigor, não haja um campo que com ela compartilhe um formato de organização de território. A forma antiga é a que contém, entretanto, em germe, a relação em estado já mais diferenciado, passando-a para a sociedade feudal. É a sociedade feudal, então, a da transição. Nela se encontra o embrião, na forma da combinação da ligação individual com a terra e da relação já minimamente diferenciada do campo e da cidade, do que, com a acumulação primitiva, irá se transformar aqui na propriedade privada e ali na divisão territorial de trabalho diferenciado de campo e cidade. Assim, a produção das sociedades natural-comunitárias, cuja única finalidade é a reprodução dos homens, dá lugar à produção cuja finalidade é a reprodução ampliada e contínua do capital da sociedade capitalista.

Entretanto, a acumulação primitiva terá ainda que se transformar na acumulação capitalista, o campo, na sua relação de sujeição crescente com a cidade, cumprindo um papel essencial, via transferência de renda fundiária. É quando a terra, junto ao território, vira mercadoria, e como condição de o valor-de-uso dar lugar ao valor-de-troca como forma-valor, a economia camponesa se desdobra na produção domiciliar e a acumulação mercantil dá os primeiros sinais do nascimento da grande indústria, na forma ainda da manufatura. Assim, o controle social da força da natureza paulatinamente se transfere para o domínio da grande indústria e a técnica que a ela se vincula, e o foco e a lógica da relação com a natureza então migram da terra, no campo, para a indústria, na cidade. No fundo, é um deslocamento do poder da terra para o capital. A cidade se beneficia de ser a sede geográfica da logística capitalista. Se nas sociedades naturais é o homem com seus braços, pernas, cabeça e mãos quem produz, controla e equilibra as relações metabólicas com a natureza, na sociedade capitalista quem o faz é o capital.

É da cidade, em nome da grande indústria capitalista, que partem, assim, as diretrizes de comando do todo da estrutura ecológico-territorial no capitalismo, mas após longo trajeto de reorganização histórica da estrutura ecológico-territorial pré-capitalista. Primeiro é a intermediação mercantil, a ação do comerciante da cidade que compra-revende os produtos da pequena produção doméstica com sua distribuição dispersa pelas áreas, que domina, impondo em seu interesse o comando da cidade sobre o campo. Uma enorme massa de riqueza na forma monetária aí se acumula. Na cidade se junta também a massa da riqueza monetária que vem da renda fundiária em dinheiro pré-capitalista, na forma de investimento imobiliário. Uma crescente massa de homens e mulheres liberados pelo desenvolvimento da agricultura capitalista migra do campo simultaneamente para, seguindo o mesmo destino do capital mercantil e da renda fundiária, se acumular na cidade, onde vai virar força de trabalho disponível para o uso da indústria. Num outro momento, quase simultâneo ao primeiro, surge e se desenvolve, sobreposta ao artesanato urbano e à indústria domiciliar e em maioria localizada no campo, a manufatura, rumo ao desenvolvimento do sistema do maquinismo, formado pela máquina ferramenta e pela máquina motriz, logo movidas a energia do vapor do carvão, que culminará na revolução industrial e na fábrica, a grande indústria, localizada na cidade. Por fim, um vasto mercado se forma internamente, com base na relação cidade-campo em constituição e, externamente, na forma das colônias, empurrando a manufatura a evoluir e transformar-se na fábrica e, com isso, constituir uma esfera de produção e de circulação combinadas que libera forças locais, acentua a expansão demográfica, amplia o raio de alcance da divisão territorial do trabalho e integra, em razão do aumento do valor-de-troca, uma infinidade de lugares em toda extensão de espaço.

Um enorme desequilíbrio de repartição espacial de homens e atividades, de que o despovoamento do campo e o superadensamento na cidade serve de exemplo, assim se forma como estrutura ecológico-territorial do capitalismo, acentuando o desequilíbrio da relação de separação do homem e da natureza criada pela acumulação primitiva.

A autorregulação dialética da paisagem ambiental de Jean Tricart

Na escala humana, se deixada solta por si mesma, a morfogênese se mostra a inimiga da pedogênese. Há que apelar para a ação da fitoestasia – é ela quem regula as contradições do meio ambiente. No andar de baixo, a contradição morfogênese-pedogênese; no andar de cima, a contradição entre a biocenose e a ação técnica do homem – talvez assim se possa resumir a dialética de uma geografia ambiental integrada de Tricart. A referência é a leitura do meio ambiente por intermédio da paisagem e da paisagem por intermédio do meio ambiente, dialeticamente. O mirante é o que se pode designar uma geomorfologia geográfica.

Tricart vem da tradição do diálogo entre a geografia alemã e a geografia francesa que se passa a fazer a partir dos anos 1920, ao redor do papel da paisagem. Aí se alinham a morfologia climatogenética de Büdel e a morfologia climática de Cholley, numa direção que antecipa a geomorfologia antropogenética de Felds, se assim podemos compreender.

A tradição geográfica alemã caracteriza-se historicamente por centrar seu olhar na paisagem em sua relação com o meio, nisto distinguindo-se das geografias francesa e norte-americana. Já antes de Humboldt e Ritter, por conta da influência do Romantismo, sobretudo com Humboldt, ganha um formato mais explicitamente estrutural e científico, em que a paisagem é a referência do olhar geográfico alemão, sobretudo por intermédio da noção corográfica herdada da *Geographia generalis*, do conterrâneo Varenius. E esta referência na paisagem se consolida e se reforça com Humboldt e Ritter.

Após a morte desses dois, em 1859, a geografia alemã entra numa fase de espécie de apagamento, até que pelos anos 1880 renasce pelas mãos de cientistas vindos de outras áreas. Friedrich Ratzel (1844-1904) vem da Zoologia; Ferdinand von Richthofen (1833-1905), da Geologia. De Humboldt e Ritter é mantido particularmente o fundamento da Geografia como ciência da superfície terrestre que se referencia na paisagem. Até o começo do século, Ratzel e Richthofen formam o centro de referência da geografia alemã, uma ciência que cada vez mais se fragmenta, sem que abandone, entretanto, aquele fundamento.

O aceso debate que tem lugar em decorrência dessa fragmentação acentua o peso da importância da paisagem como elemento de inserção e de identidade do fenômeno geográfico, abrindo-se uma fase de forte reflexão crítica acerca de seu conceito e valor metodológico, em que se vão sobressair Otto Schlüter (1872-1959) e Alfred Hettner (1859-1941), pautando o debate daí para a frente (Etges, 2000). Os conceitos de paisagem de Humboldt e Ritter são então retomados e submetidos a uma apreciação analítica que levará a dar-se-lhe um significado plural. O conceito de Humboldt, expressão do Romantismo, mais que o de Ritter, ganha inicialmente uma importância maior, sendo logo esquecido diante da prevalência crescente do de Ritter, ambos, entretanto, esmaecidos em sua força original de significação pelo olhar positivista.

Humboldt referencia para seu conceito de paisagem a geografia das plantas, mas levada para o sentido subjetivo do belo e do sublime da estética de Goethe e Schiller, expressões do Romantismo literário, centrando nessa estética o seu olhar científico (Ricotta, 2003). Já Ritter centra o seu no sentido religioso que retira da filosofia da identidade de Schelling. Schlüter elimina o fator subjetivo, seja o estético de Humboldt, seja o religioso de Ritter, aceitando apenas o caráter perceptivo implícito no entendimento de ambos, reduzindo o conceito ao seu aspecto essencialmente cultural. Assim, para Schlüter paisagem é o que nossa percepção sensível alcança, guardando da subjetividade o que nela tenha de presença da cultura, o que significa excluir tudo o mais que provenha de um fundo de história humana como as instituições e o Estado. Hettner, um neoritteriano, ao contrário, inclui tanto os elementos históricos quanto os naturais, restabelecendo o sentido original, excluído o componente religioso que Ritter lhe emprestara. Indo na direção da confluência de Schlüter e de Hettner, Siegfried Passarge (1866-1958) retorna ao cunho mais biogeográfico do conceito de Humboldt, retomando e ampliando seu entendimento da paisagem como o âmbito da vida das plantas, animais e homens na relação de interdependência com o relevo, o solo e o clima, numa relação de dependência. Leo Waibel, estudioso da vegetação e discípulo de Hettner, acrescenta-lhe a relação econômica, no sentido do conceito de formação econômica oriundo de Schlüter, combinando no conceito o caráter histórico-social do fenômeno econômico de Schlüter e o ambiental de Passarge. Mas se de um lado chega-se a um consenso geral da paisagem como referência do estudo geográfico de todo fenômeno, concluindo-se pela aceitação central do conceito de Passarge, de outro esta consensualidade é feita ao redor da diversidade das formas que então se estabelece do ponto de vista empírico, elencando-se como formas consensuais a paisagem fisionômica (a do horizonte da percepção sensível, de Schlüter), a paisagem natural (a formada da conjunção da diversidade dos fenômenos não-humanos, definida para além do horizonte do imediato sensível, da tradição da "geografia pura" do século XVIII), a paisagem cultural (da concepção ritteriana, restabelecida por Hettner) e a paisagem econômica (a da concepção waibeliana, derivada do conceito de formação econômica de Schlüter).

Seja como for, vinga o projeto de estabelecer um viés de referencial unitário diante da realidade dos fragmentos que já domina o meio científico, firmando-se a paisagem como referência e preceito metodológico de que todo fenômeno é o que é e deve ser visto por e em suas relações recíprocas com os outros fenômenos, dentro da paisagem de que faz parte. Vimos que essa evolução do conceito de paisagem e de método é acompanhada de perto por Sauer.

Esse debate conceitual dá-se no âmbito da formação da geomorfologia alemã e, sob essa forma, chega à França e a todo o Centro-Leste da Europa. A visão alemã é, entretanto, uma das duas correntes, ao lado da norte-americana, de onde historicamente sai a geomorfologia atualmente existente (Leuzinger, 1948; Christofoletti, 1974; Abreu, 1983 e 2003; Freitas, 2007). Vindas ambas de uma origem na geologia, distingue-as, entretanto, o viés do ambiente em que nascem: a geomorfologia alemã partindo da tradição naturalista da paisagem e a norte-americana da Geologia, às quais manter-se-ão sempre coladas. Distingue-as também a área sobre a qual exercem sua influência originalmente: a geomorfologia norte-americana difundindo-se pela Inglaterra e França e a geomorfologia alemã pela França e países do Centro-Leste europeu, em particular a Polônia e a Rússia. A França é um campo de interseção.

A geomorfologia norte-americana vem dos trabalhos de síntese de seu criador, William Morris Davis, mas dando sequência às teorizações do modelado do relevo formuladas sobretudo por Gilbert, organizando-as e desenvolvendo-as no discurso do ciclo geográfico, mas distanciando-se dos envolvimentos mais imediatos da paisagem geográfica de seus antecedentes para enraizá-las em fundamentos essencialmente geológicos, através dos aspectos morfoestruturais. Soerguido pela ação Geológica e retrabalhado aqui e ali pela erosão normal, promovida pelas águas correntes, o relevo terrestre segue uma sequência de fases de juventude, maturidade e velhice, cujo fim da linha é a peneplanície, que os processos estruturais de natureza geológica se incumbem de rejuvenescer, dando reinício ao ciclo. Eis em resumo a teoria do ciclo. Dominante na geografia norte-americana até os anos 1950, quando então é acusada de excepcionalismo pela crítica de Schaefer, a teoria davisiana dá lugar a teorias de corte quantitativo e, em seguida, sistêmico.

A geomorfologia alemã tem origem também na Geologia, mas aqui vinculada às pesquisas das minas de carvão do século XVIII, numa Europa a caminho da revolução industrial. Daí se desprende para ganhar forma no ambiente da Geografia, primeiro com Richthofen, logo seguido por Albrecht Penck (1853-1945). Diferentemente da geomorfologia de Davis, a de Richthofen e Penck põe em realce a relação entre as formas morfoestruturais e morfoclimáticas, chamando a atenção para o papel simultâneo das raízes geológicas, internas, e as raízes climáticas, externas, tirando-a da ênfase daviasiana na morfoestrutura, ao tempo que altera e leva a visão da ação climática para além da ação das águas correntes, rejeitando seja o conceito de erosão normal, seja o do peneplano. Além disso, enquanto a geomorfologia norte-americana apoia seu corpo sistemático fundamentalmente numa obra e num autor de origem central, a geomorfologia alemã vem da conjunção de pelo menos duas obras básicas: *Führer für Forschungsreisende*, livro de Richthofen, de 1886, de natureza epistemológica, mais explícita no subtítulo, *Introdução às observações sobre os fatos da geografia física e geologia*; e *Morphologie der Erdoberfläche*, de Penck, de 1884, mais voltada aos fins da sistematização das categorias geomorfológicas. Tanto Richthofen quanto Penck trazem a geomorfologia para o âmbito da reafirmação da paisagem como o referencial por excelência do olhar geográfico. Ambos inspiram-se em Humboldt, e, como este, na estética de Goethe, de cuja teoria das formas sai o nome inicial da ciência que estão formando, rebatizada depois de geomorfologia.

Assim, não é a antropogeografia de Ratzel, mas a morfologia de Richthofen e de Penck a base do que será o renascimento da geografia alemã, e que praticamente irá encarnar a geografia da paisagem que resulta das intervenções de Schlüter, Hettner, Passarge e Waibel, ao menos até os anos 1940-1950, quando, em face das necessidades dos dois períodos de guerra, surge a geografia humana sob a forma da geografia política, nome pelo qual a geografia humana será designada por muito tempo na Alemanha e na Inglaterra (Volkenburg, 1960).

Entretanto, é à geração que se segue a Richthofen e Penck que será dada a incumbência de consolidar essa geografia da paisagem com forte acento na geomorfologia como a geografia do renascimento. Walter Penck (1888-1923), filho de Albrecht, morto precocemente aos 35 anos de idade, escreve *Die morphologische Analyse: ein Kapital der physikalischen Geologie*, consolidando e levando a geomorfologia alemã para além da fronteira, para a Inglaterra principalmente, cuja edição inglesa a torna uma obra de referência mundial. Por seu turno, Siegfried Passarge (1867-1958), médico de origem, consolida o todo da geografia da paisagem, dedicando ao conceito de paisagem a alentada *Die Grundlagen der Landschaftskunde*, obra em três volumes, publicada entre 1919 e 1921, sistematizando e difundindo o conceito alemão. Seguem-nos C. Troll (1899-1975), biólogo de origem, e que leva a geomorfologia alemã a ganhar uma forte dimensão ecológica; Jules Büdel (1903-1983), que a desdobra na direção da morfologia climatogenética, e, mais recentemente, E. Felds, que lhe dá uma dimensão de geografia humana, por meio de sua transformação numa geomorfologia antropológica (Felds, 1958; Suertegaray, 2002).

Vinda de um naturalismo holista já diluído de Humboldt, mas que busca preservar no essencial o conceito de paisagem, a geomorfologia alemã trava por isso mesmo um forte diálogo para dentro e para fora do âmbito da Geografia com as ciências que junto a ela vão surgindo no quadro da fragmentação do discurso geográfico em geografias físicas setoriais: para dentro, com a climatologia de W. Köppen (1846-1940), lançada em 1900, com forte matiz biogeográfico; e para fora, com a pedologia russa de V. Dokuchaev (1864-1903), lançada em 1883. Daí o espectro de pluralidade que adquire, desdobrando-se em 1912 na morfologia fisiológica de Passarge; em 1932 na geoecologia de Troll; em 1948 na morfologia climatogenética de Büdel; e em 1958 na geomorfologia antropológica de Felds. Todas elas correntes alicerçadas na tradição da vinculação do fenômeno à paisagem. Sob este formato, chega à França dos anos 1950 – e a Jean Tricart.

Tricart é egresso da trajetória de uma geomorfologia francesa situada na franja do contato entre as correntes de geomorfologia norte-americana e germânica, e essencialmente marcada pela visão unitária da geografia regional. Mesmo com o avanço da fragmentação, os diferentes setores da geografia francesa continuavam se reunindo ao redor dos estudos regionais, chegando a um geógrafo que era, a um só tempo, especialista de uma geografia setorial e produtor de monografia regional. Cholley e Tricart são dois bons exemplos.

A geomorfologia francesa tem sua origem nos trabalhos de Emannuel De Martonne (1873-1955) e Henri Baulig (1877-1962). De Martonne é um tipo de geógrafo-ponte entre a geomorfologia alemã e a geomorfologia norte-americana, reunindo conhecimentos de uma e de outra para formar sua forma própria de entendimento (Ribeiro, 1989). Estimulado por Vidal de La Blache, seu mestre e um historiador que vem de uma carência de formação que busca corrigir em seus discípulos, De Martonne faz viagens de estudos à Alemanha, onde vai estudar e conviver com Ratzel, Hann, Richthofen e Penck, e assim beneficiar-se do entrecruzamento da antropogeografia, da climatologia e da geomorfologia alemãs, e aos Estados Unidos, onde estuda e faz trabalhos de campo na região dos Apalaches com Davis. Seu perfil de geomorfólogo nasce desse amálgama de pensamentos em que a paisagem é a categoria de leitura e generalização, e a região o âmbito espacial da integração, elaborando nesse passo o embrião da versão francesa da morfologia climática. Baulig vem de um conhecimento mais aprimorado do pensamento davisiano que o de De Martonne, em razão do tempo mais longo de estudos e atividades que desenvolve no âmbito geográfico norte-americano, o que o torna um profundo conhecedor e um crítico da geomorfologia de Davis, aparecendo como um dos seus primeiros reformuladores, ao chamar a atenção para o papel da ação dos movimentos eustáticos na teoria do modelado do relevo, indo ao encontro da crítica alemã. Juntam-se, assim, as formulações de De Martonne e de Baulig nessa fase inicial da formação da geomorfologia francesa, ambos sob os olhos e a orientação da geografia da paisagem alemã e da regional vidaliana. De Martonne desenvolve suas ideias em sua tese de doutorado, *L'évolution morphologique des alpes de Transylvanie*, de 1906, e Baulig na sua, *Le Plateau Central de la France*, de 1914.

Mas é com André Cholley (1885-1968) que a geomorfologia francesa se consolida e ganha corpo. Cholley pertence à geração que presencia o começo do esvaziamento da geografia vidaliana a partir dos anos 1930. Sua tese de doutorado, *Les préalpes de Savoie (Genevois, Bauger) et leur avant-pays: étude de géographie régionale*, de 1925, orientada por Emannuel De Martonne, é uma reafirmação da tradição regionalista ao tempo que um texto já de especialização setorial, fato que o constrange e o leva a propor procurar-se manter a visão integrada, em particular no seu clássico *Guide de l'étudiant en géographie*, escrito e publicado quase vinte anos depois, em 1942. Ele mesmo introduz a integração em seus trabalhos, indo buscá-la no discurso alemão da paisagem, criando uma forma própria de concebê-la na forma da morfologia climática, desenvolvendo uma teoria própria que expõe com clareza didática em *Morphologie estructurale et morphologie climatique*, de 1950.

Tricart parte daí, aprofundando a sistematizando o estudo de Cholley, seu orientador de tese de doutorado, na direção também de um formato integrado próprio, que apresenta no *Traité de géomorphologie*, obra programada para 12 volumes, escrita em parceria com o biogeógrafo André Cailleux (1907-1986), cuja parte discursiva toma todo o volume 1, *Traité de géomorphologie: introduction à la géomorphologie climatique*, de 1965, com influências francesa, germânica e soviética. A paisagem e a superfície terrestre são o seu quadro de referência, encaixado numa visão dialética que extrai de *A dialética da natureza*, de Engels.

Ecodinâmica é ao mesmo tempo uma síntese do seu pensamento e a forma como combina a morfologia climática com a teoria do ecossistema nos anos 1970. O epicentro da teoria de Tricart – caracterizada no referencial do imediato da práxis – é a interação que há entre o ecótopo e a biocenose no interior da interseção geral que entre si realizam a geologia, enquanto substrato espacial, e o clima, enquanto a determinação mais extensiva da arrumação do espaço. Forma-se aí o quadro de tensões estruturais que mantém o meio ambiente num estado de equilíbrio dinâmico sempre próximo da instabilidade.

Situados entre esses extremos, diz Tricart, interagem os fenômenos da geomorfologia e da pedologia, sob a regulação da fitogeografia. A fitoestasia é o ponto da coagulação e da equilibração do todo. O homem é a componente dinâmica. A sua ação técnica é tão mais ambiental, diz, quanto mais ele se some à ativação dessa dialética que envolve morfogênese, pedogênese e fitoestasia, complementando e adicionando mais elementos ao seu movimento constante de mudanças, aumentando sua riqueza complexa e a espiral de sua evolução ecossistêmica, sem necessariamente desequilibrá-la. Ver o todo da natureza como um complexo em movimento de contínua mudança que não admite a intervenção humana é assim uma teoria tão falsa quanto opor um quadro natural a um meio modificado pelo homem, porque é supor que o meio não se automodifique e que, desse movimento de autofazer-se, o homem não faça parte.

Do ponto de vista ecodinâmico, significa ver este autofazer-se como um triplo tendencial de contradições: de um lado a contradição que se instala dentro do ecótopo entre a morfogênese e a pedogênese, e de outro a que se instala dentro da biocenose entre a cadeia trófica e o homem. A essas duas se acrescenta uma terceira, entre o ecótopo e a biocenose. A vegetação ocupa o ponto do meio, regulando a um só tempo a contradição morfogênese-pedogênese no andar de baixo e a contradição ecossistema-sociedade humana no andar de cima, dada a posição que a faz estar no ponto da interseção dos dois planos, regulando a uma só vez a contradição intraecotópica, a contradição intrabiocenótica e a contradição ecótopo-biocenose.

Mas esse todo é um fluxo intenso e contínuo de matéria e de energia, e isso precisamente é o que põe a planta nessa situação privilegiada. Ela controla o fluxo seja da energia vindo da emanação solar, seja da água em sua chegada ao solo, orientando a direção, o ritmo e o balanço do movimento da relação da morfogênese e da pedogênese, permitindo que um fenômeno e outro sigam seu curso de acontecimento, numa dinâmica individual recíproca de acontecimentos em que tanto a morfogênese quanto a pedogênese se processam, uma contribua com a realização da outra e uma não impeça que a outra aconteça. Destruída a cobertura vegetal, todo esse equilíbrio se quebra, a morfogênese dispara seu movimento destrutivo e a pedogênese fica impedida de ocorrer. A planta controla, ao mesmo tempo, esse fluxo no sentido inverso, o de subida, seja o da realização da fotossíntese, seja o da realização da cadeia trófica, regulando dessa vez a relação do ecótopo com a biocenose, e desta dentro de si, o que também não aconteceria se o substrato vegetal fosse destruído. A fitoestasia, isto é, a regulação para baixo e para cima do movimento de reprodução espiralar e integrada do todo do ecossistema, é o ponto central dessa dialética do meio ambiente e da manutenção e contínua renovação da sua paisagem.

A relação sociedade-natureza deve ser realizada dentro e no conhecimento dessa dialética. O homem soma-se ao seu movimento de autofazer constante, agindo como a parte consciente dela, o que significa intervir, seguindo as tendências de fitoestabilização singulares e segundo a contextualidade real de cada quadro morfoclimático – o nome verdadeiro do meio ambiente e de sua múltipla diversidade espacial – concreto na superfície terrestre.

O segredo está em saber ordenar territorialmente esse todo à luz da relação, entre as instabilidades e as potencialidades que ele encerra enquanto meio ambiente postado na interseção da litosfera e da atmosfera.

A instabilidade é um estado potencial relacionado a um duplo aspecto: o histórico e o estrutural. O aspecto histórico refere-se à diacronia da escala de tempo, a contar do substrato geológico e do clima. O tempo geológico é de longa duração, mais estável e leva o substrato a interferir no quadro ambiental pelas características do acamamento rochoso e do nível topográfico da morfologia, o que valoriza o tempo climático, de duração mais curta e mutante. Contrastam, assim, a duração longa do tempo geológico e a mais curta do tempo climático. O aspecto estrutural refere-se à sincronia dessas escalas, harmonizando-as numa mesma contemporaneidade de tempo, Sendo a escala de tempo a mais curta de todas as componentes, é a escala humana que passa a governar essa relação de diacronia e sincronia quando o homem intervém, abrindo o tempo social e o tempo técnico para um quadro de equilíbrio dinâmico, a uma distância muito tênue da instabilidade ativa.

A potencialidade é o estado que a dialética de diacronia-sincronia oferece ao homem para usufruto desse entorno, a um só tempo equilibrado e tendencialmente instável. Isso significa que a ótica dinâmica, ecodinâmica no dizer de Tricart, é o ponto de referência. É mais importante saber mexer nas faces de interseção dos tempos que usar os recursos do meio. Assim, o ponto de equilíbrio é ativar a rede de interações temporais sem que o movimento dos tempos transforme a tendência à instabilidade num fato.

O princípio do ordenamento assim está posto. De um lado, pede a análise da instabilidade, de outro, a análise da potencialidade. A análise da instabilidade inclui no nível macro a correlação das unidades climáticas e as unidades morfoestruturais, nem sempre coincidentes nas extensões dos seus recortes, e no nível micro as correlações do sistema morfogenético (formas de ação do clima, níveis topomorfológicos, estrutura litológica, considerando os declives, a topovariação e a litovariação), o mapeamento e a avaliação dos processos em atividade, as formas de uso do solo. A análise das potencialidades, por sua vez, inclui o balanço dos recursos hídricos e formas tecnoculturais de regulação de seu uso e gestão (drenagem, saneamento, proteção contra cheias e vazantes, irrigação), e mapeamento e classificação do quadro agroclimatológico e agrológico dos solos em sua relação tendencial com os processos morfogenéticos.

Tudo buscando formular o modo adequado de ordenamento, sua convergência num mapa de áreas de uso e modos de gestão. Um bom pressuposto é o levantamento taxonômico dos meios morfodinâmicos. Um segundo é dispor do quadro de tendências de interação espacial dos usos entre as áreas, os efeitos dos usos de umas sobre as outras, considerando os laços de interdependência, como os cursos d'água, as vias de circulação, os fluxos de população.

A concretude geográfica da sociedade: a formação socioespacial de Milton Santos

Sociedade e espaço são como as duas faces do espelho. Vendo-se uma, está se vendo a outra; não como uma relação reflexa, mas como uma que vem da outra, como produtos recíprocos. A sociedade se produz, produzindo o seu espaço; e o espaço se produz, produzindo a sociedade – tudo é um mesmo e único modo de produção. O espaço e a sociedade, ao oferecer a concretude recíproca que historicamente é necessária, relacionam-se informados pelo modo de produção que está na sua base e a formação socioeconômica que a sobrepõe. Dentro dessa relação, a sociedade faz o seu espaço e o espaço faz a sociedade, esta se transformando numa formação socioespacial. Santos faz a teoria do concreto.

Totalidade concreta, diz Santos, a formação socioespacial é a sociedade despida do seu sentido genérico, singularizada pelo caráter de objetividade que lhe dá a presença do espaço. Este infunde essa concretude à sociedade por força de dois intermédios: de um lado, a forma de propriedade, um dado do modo de produção, que a ordena espacialmente a partir da raiz; de outro lado, o Estado, um dado da formação socioeconômica, que a ordena espacialmente a partir do topo. Dito de outro modo, a forma de propriedade, o que significa o modo de produção, horizontalmente, e o Estado, o que significa a formação econômico-social, verticalmente.

A determinabilidade espacial é decorrência da presença necessária da natureza no processo genético da formação. O espaço vem da ação de transformação da natureza em sociedade humana por intermédio do trabalho, que faz da sociedade uma segunda natureza. O ato de produção da vida, diz Santos, é um ato de produção do espaço. Produz-se o espaço para produzir-se a vida. E a fonte desta o homem vai buscar na natureza, na relação que transforma a natureza natural em natureza social, num percurso em que o homem transforma a natureza e transforma-se a si mesmo. A condição dessa transfiguração é o uso consciente dos instrumentos do trabalho, que o leva para o centro da natureza, potencializa sua ação e põe em suas mãos a relação de comando. A transformação da natureza em produtos indispensáveis à vida implica a cooperação entre os homens, por meio de uma divisão do trabalho que organiza a produção em caráter de permanência no tempo e no espaço, assim surgindo uma ordem espaciotemporal, que é a própria sociedade espacialmente produzida.

O caráter de natureza socialmente produzido e o fato de a produção ser reprodução em estado permanente fazem do espaço uma totalidade. É, assim, um todo dinâmico que conduz as mudanças da sociedade e muda com elas, a depender das condições e do perfil da técnica. A técnica surge dentro da relação do homem com a natureza, suportada no conhecimento prático e científico que daí advém e na objetificação desse conhecimento em artefatos mecânicos. A partir daí, ela reverte à relação originária para doravante intermediá-la na sua transformação em vida e espaço. O complexo natureza-técnica-espaço forma, assim, o agregado essencial da produção e reprodução da vida em sociedades organizadas, significando uma relação do homem com a natureza que se transforma em espaço na presença da técnica.

Assim, no movimento de sua relação com o espaço, a sociedade se movimenta e se transforma, mudando a cada vez que o espaço muda e mudando o espaço a cada vez que ela se modifica, numa relação solidária, dando a evolução da técnica o ritmo, velocidade e direção da mudança. Por isso, se dizemos que o tempo comanda o espaço, podemos igualmente dizer que o espaço comanda o tempo.

Dizer que a sociedade se organiza como espaço é dizer que ela se organiza por meio da localização e distribuição dos seus elementos na porção da superfície terrestre que lhe cabe. Isso culmina num quadro de arranjo que é, assim, o próprio quadro estrutural da sociedade, sendo essa relação analógica de estruturas a relação do espelho que faz do espaço, via sua paisagem, um meio direto de entendimento da sociedade.

Essa relação analógica é mutante, seja pelo lado da sociedade, seja pelo lado do espaço, obrigando a uma retomada constante de correspondência. O vínculo com a transformação da natureza responde por grande parte da forma desse arranjo e a técnica pela totalidade do seu movimento de rearranjo. Assim, a localização e a distribuição de um meio de circulação como a estrada, para dar um exemplo, organizam a interação e a integração entre os lugares. O desenvolvimento da tecnologia dos transportes muda completamente a noção da distância, reorganizando a sociedade numa nova escala de tempo e espaço e, com isso, recria ao mesmo tempo os parâmetros da configuração.

O resultado dessa dinâmica é a organização da sociedade em redes de influência e a sua integração numa escala de espaço cada vez mais mundializada.

Vem daí a visão dinâmica do ecúmeno e a noção do seu contínuo alargamento. O *habitat* humano, que por um tempo era o lugar e o entorno imediato de sua residência, vai ganhando um caráter de escala territorial mais ampla, avançando seu ponto de localização para o horizonte da abrangência de muitos lugares, inicialmente num agregado de muitos *habitats*, depois na unidade de um só, vindo a ser o novo *habitat* uma estrutura de espaço mais complexa e mais densa. Muda, assim, a relação com o lugar, os produtos e a natureza, e os meios de vida passam a sair das diversas proveniências.

Nessa escala cada vez mais mundializada, é o recorte do Estado-Nação o nível que cada vez mais ganha realce, o Estado vindo a acentuar o caráter de formação socioespacial da sociedade na história. Todavia, nessa escala, o espaço ganha maior densidade de elementos, seu arranjo torna-se mais pesado e seu ritmo e sua velocidade de mudança ficam mais lentos, entrando em defasagem com os movimentos da sociedade. O espaço vira então um prático-inerte, num momento em que a sociedade se torna mais fluida. Por conta dessa contradição entre os ritmos de mudança recíproca da sociedade e do seu espaço, os pedaços de espaço da sociedade evoluem num desenvolvimento desigual, fato que acontece dentro do território do Estado-Nação, regionalmente, e fora, entre os Estados nacionais.

Essa prevalência da presença da formação socioespacial como a forma de existência concreta da sociedade acaba por trazer para o realce o poder de ação do modo de produção enquanto estrutura determinante e de base. E com ele, o papel da forma da relação de propriedade, conforme se define o formato e a maneira como o arranjo espacial se estrutura e reproduz sua configuração na parte e no todo sobre a sociedade.

O social é que determina a ordem e, assim, o todo da ordem espacial. Por sua vez, essa ordem espacial determina, a partir daí, segundo os desígnios da ordem social que está na sua origem, o modo como o homem se relaciona com a natureza dentro da sociedade, a começar pela paisagem, que é, no fundo, um palimpsesto, um amálgama formado pela contemporaneidade de tempos desiguais, os tempos que, a cada momento, nela estão presentes em simultâneo. Não é, assim, estar no espaço o que torna a sociedade uma formação socioespacial, mas ser espaço sob uma determinada forma de estar. Essa forma é a que vem do modo de produção, que o ser-estar configurativo apenas expressa e faz reproduzir por seu intermédio. Os tempos se mostram, pois, na configuração dos arranjos e por meio dela, e revelam, por intermédio desses arranjos, as linhas de força da história.

Vindo da transformação da natureza pelo trabalho, sob a mediação da técnica e na conformidade das relações de dado modo de produção, o espaço nasce pontuando. Por um lado, nasce vinculado a uma divisão territorial de trabalho determinada; por outro, vinculado a uma rede múltipla de distribuição de pontuações. Assim, guarda em sua estrutura de localizações um sistema de pontuações localizadas numa forma dada de distribuição, íntima e total relação estrutural com a divisão territorial do trabalho e o seu modo de produção.

Nascido sob essa forma de configuração, em que de um lado é determinado e de outro é determinante sobre o modo de produção que está na sua origem, o espaço é o fruto duplo, simultaneamente, do modo de produção que está na sua base e da formação social que o sobrepõe. Isso o leva a incluir, além das relações da natureza, as relações econômicas, sociais, políticas, jurídicas e culturais, e, assim, a totalidade das relações que formam a sociedade, desde as relações técnicas e naturais do trabalho até as institucionais e superestruturais do Estado.

Ao conter a totalidade das relações, o espaço contém toda a totalidade do seu valor, e é assim que se torna uma instância de reprodução total. O espaço reproduz as relações estruturais da sociedade para além de suas bases econômicas, ao mesmo tempo em que é por elas reproduzido. Ele realiza essa interação num ato orgânico tão específico, que a faz em ritmo, velocidade e direção às vezes até opostos aos das demais instâncias.

Boa parte dessa especificidade vem do seu caráter material, isto é, do fato de existir como um conjunto de fixos, de objetos de diferentes tempos que dão o cunho de um palimpsesto à paisagem. Caráter que, se de um lado o predefine num cunho de permanência, como um ente geográfico conservador, uma rugosidade, de outro o predefine como um infundidor de movimento, fato que se comprova quanto maior a tensão do modo de produção e maior a estratificação da formação social, que juntos compõem o espaço como um só todo.

A instituição corpóreo-espacial do real de Yi-Fu Tuan

O espaço é uma determinação do corpo. Experienciando o mundo sentimos que ele é um todo organizado. Prestando a devida atenção, percebemos que a origem da organização é a relação espacial que nosso corpo tem com as coisas do entorno. O nosso corpo é o centro de referência dessa organização, e essa instituição corpórea do espaço é o epicentro da teoria de Tuan.

Tuan observa que toda pessoa, cada uma de modo diferenciado, é o centro do seu mundo, através do esquema espacial do seu corpo. A simples presença do homem determina um esquema espacial. Daí deriva o prestígio do centro, tão comum nas culturas em todos os tempos. Essa propriedade do corpo humano de criar o espaço vem da sua posição ereta, condição ímpar entre os mamíferos de onde vem a relação topológica dos opostos espaciais – do tipo vertical-horizontal, próximo-distante, em cima-embaixo, frente-atrás, direita-esquerda, dentro-fora, aqui-lá, topo-fundo, longe-perto, sobre-sob – que formam as premissas básicas e os princípios essenciais da organização espacial. Um simples giro do corpo põe em movimento todo um esquema espacial. É em face das posições do corpo que se definem a direção, a localização e a distância. Por suas dimensões é que se articula a métrica (em geral as medidas têm referência em partes do corpo). Aqui, lá, acolá, isto, este, aquilo, aquele, termos que remetem a divisões e valores espaciais, são expressões atinentes à relação do corpo do homem com os outros corpos, seja no sentido do espaço egocêntrico, seja no do etnocêntrico.

Diferem nessa experiência espaço e lugar. O espaço indica a extensão mais ampla que escapa ao imediato de nossa percepção e é habitado pelo desconhecido e imprevisto. O lugar é o espaço vivido, conhecido, percebido e íntimo de nossas relações. O cotidiano evoca o lugar; a amplitude evoca o espaço. O lugar é o que está na relação com a afetuosidade, a proximidade, a intimidade; o espaço é o que está em relação com o pensamento que eleva a percepção ao plano do abstrato e, com isso, fornece os símbolos e as significações do entorno ao lugar. O lugar remete ao aqui, ao isto, ao este; o espaço ao acolá, ao aquilo, ao aquele. Lugar e espaço assim se diferenciam e se atravessam pela relação simultânea do singular e do universal – mas não o universal criado pelo conceito. A vivência, o grau e estado da experiência do vivido, não a escala racional do pensamento, é o que os interliga e distingue.

Embora venha da experiência, espaço e lugar orientam no seu contraponto o dia a dia de nossas experiências, via o sentido do lugar.

A emoção é o termo que une o sentimento (sensação, percepção, concepção) e o pensamento enquanto experiências do corpo. É o pensamento que adjetiva a sensação, qualificando, por exemplo, o calor como desconforto, a dor como sofrimento, a paixão como entrega, revelando-a como sentimento. Daí o engano de se tomar a sensação como externa e o pensamento como interno, quando experiência corpórea tanto é a sensopercepção que sente quanto o pensamento que qualifica o sentimento. A experiência é o termo geral da capacidade humana de apreender pela percepção sensível e criar, a partir da combinação com o pensamento, o sentimento do fenômeno. Daí ser o acúmulo de memória e de intuição, que são a expressão de um *continuum* experiencial no qual está explícita a consciência. Todo ato de sensação é seletivo e todo ato de pensamento é adjetivo, o que leva o *continuum* experiencial a revelar-se e realizar-se na linguagem do símbolo – e é esse estado de capacidade a consciência espacial.

A consciência espacial é tão maior quanto maior é o acúmulo da experiência espacial do corpo. Essa potencialidade vem da combinação da cinestesia, visão e tato. A cinestesia dá a dimensão da consciência mais ampla do espaço; a direção espacial é indicada pelos braços abertos; e a mutabilidade das direções, a espaciosidade e o vencimento das distâncias são dados pelas pernas. Só o ato de estar em pé já conduz à sensação do ordenamento do espaço. A visão, por sua vez, dada sua característica de estereoscopia, arruma o espaço em três dimensões, chegando às sensações da distância, da distribuição locacional e do volume. O tato, por fim, em particular pela pele e mãos, configura as noções da diferença física dos objetos espaciais, reforçando a consciência visual. Complementam-nos a audição e o paladar: o som dramatiza a experiência e também remete à noção da distância; o paladar reforça os traços físicos com os químicos dos objetos. São sensações corpóreas que não agem separadas, mas atuam juntas e em simultâneo enquanto faculdades espacializantes, apreendendo e ordenando o espaço pela junção, na mente, do entorno do homem através das formas dos vazios e cheios das configurações distributivo-locacionais dos objetos e lugares.

O corpo, por isso, é a fonte da habilidade espacial espontânea do homem, e, por meio desta, do conhecimento espacial. A habilidade espacial é a experiência espontânea do corpo decorrente de características cinestésicas e sensórias. E seu acúmulo leva ao conhecimento espacial, via intervenção da mente. A presença simultânea da sensação e do pensamento conduz a mente a submeter o acúmulo do aprendizado da habilidade a um grau crescente de abstração, transformando-o, de algo espontâneo, em conceito. O conhecimento espacial assim gerado consolida e qualifica por sua vez a habilidade espacial, aperfeiçoando-a, embora esta possa continuar existindo sem aquela. Costumeiramente, realizamos no nosso cotidiano uma diversidade de práticas de habilidade espacial sem ter que depender de antes pensar, conduzidos pelo próprio hábito espontâneo de agir. Um exemplo corrente é o deslocamento cotidiano que realizamos entre o local de morada e o de trabalho, num ir-e-vir orientado pelo próprio hábito, que nos basta. Todavia, a transformação ou a localização do roteiro dos deslocamentos num mapa dá-lhe uma dimensão de significado e conhecimento novos, tornando o itinerário um movimento espacial consciente e organizado, e transformando o percurso do roteiro inspirado na experiência espacial num itinerário conscientemente orientado no lugar.

Embora vindos juntos de uma mesma origem de formação, espaço e lugar abrem, assim, a experiência humana para campos de diferentes sentidos e escalas de significação. Aí se antepõem, primeiramente, as noções e os significados de espaciosidade e apinhamento. Em geral associamos espaciosidade ao espaço amplo, do mesmo modo que apinhamento a densidade. Espaciosidade geralmente significa o sentimento de estar livre, num estado de liberdade que convida para, por exemplo, imaginar ou se locomover numa sensação de conforto espiritual ou corpóreo, lançar-se à conquista de horizontes, por sugerir um espaço aberto, ou a soltar-se, num convite a realizar o futuro. Já apinhamento significa geralmente o contrário. É dividir o espaço com outros, compartilhar a sociedade, saber-se observado, numa sensação de falta de liberdade e de sentir-se constrangido por conta da densidade, sugerindo um espaço fechado e um estado de mal-estar pelo desconforto da presença do outro. Todavia, nem sempre é assim. O espaço aberto é o espaço em si, âmbito de uma sensação que pode ser de insegurança e imponderabilidade, mas pode ser também de refúgio e de isolamento que protege. O espaço fechado é o lugar, âmbito de uma sensação que pode ser de expiação e sufocamento pela presença alheia, mas que pode ser também de humanização e de convivência que acalma e assegura. O que nos leva a deduzir que a vida humana é a dialética ao mesmo tempo do espaço e do lugar, da espaciosidade e do apinhamento, da aventura e da segurança, da liberdade e da dependência. Até porque nada disso é indiferente às culturas, em cada povo espaciosidade e apinhamento falam de sentimentos ambientais diferentes, imaginários de culturas.

Ao mesmo campo de significações se prende a relação da experiência do tempo. O tempo se relaciona com o espaço e o lugar de formas distintas. O espaço abre para o tempo. O lugar fecha, congela. Já a sensação do tempo para com o espaço e lugar, é sempre a mesma: o tempo abre tanto para o espaço quanto para o lugar.

Tempo e espaço são sensações sempre vinculadas, embora sentidas como diferentes. Quando nos locomovemos ou simplesmente movemos partes do corpo, vivemos uma sensação de espaço e, com isso, dissolvemos a tensão que em troca nos traz a calma, numa sucessão de duas fases de tempo, a relação de vinculação-diferença aparece. A distância que temos de vencer entre dois lugares é tanto uma sensação de espaço quanto de tempo, mas também distinta. Também aqui a cultura (entendida por sensações de meio ambiente) se manifesta. O sentido do espaço e tempo, inter-relacionados, pode transmitir o significado de plenitude, de eternidade, de subjetividade, ou pode transmitir o significado contrário de vacuidade, de perecibilidade, de objetividade. Isso porque o espaço refere-se de um modo geral a um estado de sentimento, de algo a um só tempo objetivo e subjetivo, em si indivisos, e por isso consigo traz o significado de presença-ausência de história que tem levado muitos etnógrafos a classificar as sociedades como sociedades com e sem história. A paisagem é sempre uma referência de exemplo desses estados de sentimento e significação, como a paisagem fechada de uma floresta, em que se escuta só o ruído, a de uma panorâmica ampla, em que os movimentos se perdem na imensidão do horizonte, ou de uma cidade antiga, em que se tem a sensação do recuo no tempo. Mas bom exemplo é também o que vem de uma obra artística, do som de uma música, ou de um movimento de dança.

Já tempo e lugar não têm a mesma inter-relação direta. O lugar refere-se a um espaço conhecido e organizado. O tempo relaciona-se aí à sensação do já realizado, a um sentimento de estático. Não há sentido de lugar onde o tempo é incessante mudança. Isso é o que faz do lar, do peito da mãe para a criança ou do acampamento de um povo nômade, onde o tempo repousa, quase para, um lugar. Mas o lugar refere-se também à afeição, e não há formação de afetuosidade senão num tempo em processo, em que tempo é fluxo, duração, movimento cujo encaixe de pertencimento é o lugar. Como também lugar é reminiscência, o lugar aqui abrindo para a sensação e o sentido de tempo; um livro, que materializa um momento do pensamento, uma ruína, que congela o fluxo do tempo, uma fotografia, que flagra um instante, são lugares. As relações entre tempo e lugar, à diferença daquelas para com o espaço, são, assim, contraditórias: se o tempo é fluxo, então o lugar é pausa; se a memória objetivada, o lugar é movimento.

Seja qual for a forma do duplo, o complexo espaço-tempo-lugar fala da representação da morada, e tudo de humano que isso significa: o mundo como símbolo e pertencimento. A imprecisão nas relações leva ao mito. Quando do lugar estendemos a imaginação para o lado oposto, a do espaço, a fantasia dá origem frequentemente ao espaço mítico. Algo dotado de um sentido distinto do lugar, o espaço mítico é o espaço simbólico que bordeja o espaço vivido de nossa experiência, distinto deste em sua linguagem, mas que amplifica e dá extensão ao significado do sentido que lhe emprestamos. Daí revelar-nos e ao nosso lugar às vezes inesperadamente. Mas, por isso mesmo, a fantasia promove, agora numa direção contrária, a extensão do significado de nosso recorte de espaço vivido para o rumo do espaço infinito do cosmo, traduzida na forma ampla de uma cosmologia, os símbolos do lugar transportados para formar nossa visão inteira de mundo. É quando o corpo orienta e coordena o sentido do espaço no seu sentido mais dialético: no primeiro caso, na forma da visão do corpo como uma imagem do cosmo (um microcosmo); no segundo, como o centro desse mesmo cosmo, pela projeção para o todo do espaço cósmico dos pontos cardeais e dos eixos de verticalidade que emanam dele. Um caso e outro transmitindo a sensação de organização e o sentimento de equilíbrio que assim se estabelece na relação do homem com o mundo.

O espaço mítico, um constructo intelectual, geralmente se projeta num espaço arquitetônico, num vir-a-ser que o torna uma forma de conhecimento. Surge, assim, o espaço como meio construído, que, ao tempo que a expressa, aperfeiçoa a relação de experiência sensória. E o espaço, então, torna-se também um espaço construído. A estrutura vertical do cosmo é frequentemente projetada no espaço arquitetônico nas sociedades organizadas do passado, uma prática em geral abandonada no presente, quando o desenho dos prédios e das cidades, orientado cosmologicamente, orienta a relação cósmica dos homens, o que faz deles morada e ritual.

É nesse espaço arquitetônico que, ao tempo que se reitera o significado simbólico da cultura de época que com eles se materializa, reafirmando e amplificando estados de consciência e sensibilidade espaciais, manifestam-se igualmente, na forma de uma subjetividade de interior-exterior, o sentimento de vida privada e de vida pública e o de pertencimento, afetuosidade e intimidade que amarram a cultura de relação espacial do homem e do lugar em cada sociedade.

A estruturalidade espaçodiferencial das sociedades de Yves Lacoste

As sociedades se organizam geograficamente na forma de uma estrutura espacial diferencial complexa. Esse complexo espacial reúne em si, num entrecruzamento de escalas, todo o elenco da diversidade de relações que compõe a sociedade como uma totalidade organizada, um todo de múltiplas interseções desde as relações naturais até as da regulação estatal. Assim se pode sintetizar a teoria de Lacoste. De certo modo, diz, a grandeza da diversidade desse elenco de relações e da extensão territorial correspondente é o dado geográfico que distingue as sociedades do passado e do presente. Lacoste faz a teoria da diferença.

Nas sociedades de espaço pouco afetado por tecnologias de escala do passado, os homens viviam em espacialidades diferenciais de integral vivência estrutural. Eram sociedades de abrangência de extensão territorial que podia ser medida por um deslocamento a pé, mas vivida em toda essa abrangência por todos os membros da comunidade. O elenco de relações existentes era pouco diversificado, mas vivido pelos homens e mulheres na sua total integralidade, cada pessoa relacionando-se com o todo do complexo espacial em todos os níveis de escala, desde o solo e as plantas até os mecanismos mais amplos de regulação e governo do modo de vida que tinham. As práticas sociais se faziam no mesmo recorte de espaço e o mundo de relações e de representações quase não extrapolava esse limite territorial de experiência pessoal. Eram práticas espaciais que envolviam apenas as atividades da agricultura, da criação, dos extrativismos, do artesanato, das trocas, em geral das sobras do consumo, e as idas à paróquia e à aldeia que integralizava em suas imbricações umas nas outras a vida de relações.

O desenvolvimento da tecnologia da circulação, da produção e das trocas mercantis que com o tempo vai ocorrendo quebra esse encaixe de relações estruturais e leva a extensão territorial dos espaços vividos e o elenco das relações e formas de prática social e espacial a se diversificarem e a só se integralizarem num contexto relacional da abrangência territorial mais ampla. A densidade do elenco de relações aumenta, ao tempo que estas escapam e se tornam mais seletivas no plano pessoal das vivências, uma vez que o espaço de vivência se fragmenta e se multiplica, num estilhaçamento do modo de vida. Não se convive mais num espaço único, mas múltiplo, seja no plano da ambiência, seja no das práticas espaciais, cada fragmento de espaço vivido particularizando um nível distinto de relações e formas de práticas sociais. Fragmentos de espaço, fragmentos de relações, fragmentos de práticas, a totalidade vivida em fragmentos.

O conhecimento em geral se reduz, assim, ao recorte do espaço vivido e das práticas do cotidiano, o todo pulverizando-se em representações de mundo numerosas e imprecisas. O mundo profissional passa a nuclear a referência das pessoas, dividindo o ambiente do trabalho num mundo cada vez mais fragmentário que leva o cotidiano da vida a fragmentar-se num espaço em migalhas. A teia das múltiplas redes de relações que assim se forma e envolve as pessoas evade do seu domínio relacional prático e se coloca numa escala distante e acima da compreensão global de parte delas. Espaços conhecidos se alternam nessa espacialidade diferencial com espaços ignorados, embora situados dentro das mesmas redes, num amálgama de formas de cotidiano, que inclui desde lugares que se coligam em face dos deslocamentos diários das pessoas por seus múltiplos espaços até lugares contíguos que existem ao lado e simplesmente não se conhece, num tabuleiro de xadrez de lugares próximos e lugares distantes que só a circulação e os transportes interligam.

Nesses espaços, pessoas conhecidas revezam-se com pessoas desconhecidas, embora coabitem uma mesma cidade, uma mesma paróquia, por viverem de forma desigual essa multiplicidade de lugares, pensarem por representações fragmentárias e executarem práticas espaciais de entrecruzamentos ora coincidentes, ora dissonantes, ora permanentes, ora inconstantes, embora todos e tudo coabitem a mesma espacialidade diferencial.

A antiga aldeia foi engolida na teia da nova espacialidade diferencial; a velha paróquia está fechada ou virou relíquia histórica; a escola é uma entre outras. Pessoas diferentes fluem, entram e saem, trazidas e levadas pelo incessante vaivém dos transportes urbanos e interurbanos, e habitam a cidade, hoje talvez um bairro, junto às mais antigas, também em geral dispersadas e espalhadas pela diversidade dos fragmentos de espaço em que elas agora dividem o seu cotidiano de vida.

Uma radical diferença de forma de configuração separa assim o ontem do hoje, nessa distinção duma espacialidade diferencial antiga e moderna. No passado vivia-se totalmente num mesmo lugar e o mesmo lugar totalmente. Lugar que era territorialmente limitado, mas bem conhecido e contínuo. Hoje, vive-se um espaço em migalha e pouco se conhece cada pedaço. Cada uma das antigas aldeias distinguia-se por uma configuração espacial própria, cada uma arrumando e expressando a espacialidade diferencial de uma forma diferente. Cada recorte de espaço moderno, contrariamente, é a parte de uma diversidade interna de configurações distintas, embora pertencentes a uma mesma ordem de espacialidade diferencial, arrumando e expressando a maneira fragmentária como aí se vive. A multiplicidade das práticas sociais e das práticas espaciais respectivas se traduz por uma multiplicidade de conjuntos espaciais de contornos territoriais de tamanhos distintos, proliferação de formas de representação, multiplicação das preocupações concernentes ao espaço, ampliação das redes de domínio, extensão dos limites de circunscrições administrativas, aumento da diversidade de níveis de escala, aprofundamento das estruturas de poder, essa pluralidade contextual significando a instituição de uma multiplicidade de tipos e entrecruzamentos de configurações de espaço.

Defrontando múltipla simultaneidade de recortes de espaço vivido, locomovendo-se segundo meios de transportes distintos, relacionando-se a práticas sociais e a formas de representação de espaço de tamanhos dissemelhantes, alguns de centenas de metros e outros mundiais, as práticas espaciais das pessoas se tornaram multiescalares, numa estrutura de relações cuja densidade significa, para alguns, viver o universo de um pequeno elenco de relações, e para outros a própria totalidade do complexo global das relações do presente. A variação da magnitude de níveis de vivência territorial, que vai do quadro dos conjuntos espaciais de algumas centenas de metros de extensão, como na configuração de espaço do primeiro grupo de pessoas, até a superfície planetária, como configuração de espaço do segundo grupo, diferenciando as pessoas por seus níveis de escala de vivência e sua multiplicidade de formas de representação de mundo, sintetiza toda diferença do ontem e do hoje.

Assim, traduzida em pessoas, a espacialidade diferencial moderna significa práticas sociais, práticas espaciais, níveis de representação, formas de configuração de espaço, fenômenos relacionais, rede de relações heteróclitas, distintas, múltiplas e desiguais. Se os conjuntos espaciais são os mesmos, não é a mesma a forma como para cada pessoa ou grupo de pessoas o conjunto se amolda em configuração de espaço. O clima, as plantas, os animais, as águas, os solos, as rochas, as atividades humanas, as instituições, os governos e o Estado se encaixam dentro da espacialidade espacial em modos de configuração diferentes conforme as realidades de classes sociais diferentes. Se as interseções entre os conjuntos espaciais formam aqui e ali configurações de espaço diferentes, a interseção das configurações espaciais, por sua vez, forma uma escala de múltiplas redes que no conjunto eleva, constrói e edifica uma espacialidade diferencial com significado de fatuidade distinta, estratificada e desigual para os homens que nela geograficamente vivem.

Essa estrutura espaçodiferencial assim formada aparece diante desses homens como um complexo de interseções de conjuntos espaciais e de configurações próximas e distantes a um só tempo, em cuja base está a diversidade da rede de entrecruzamento dos conjuntos espaciais, cada rede formando uma configuração social diferenciada. O todo da rede das configurações se entrecruza num complexo de complexos configurativos de redes que beira o infinito, e em cujo topo está, como num caleidoscópio, a paisagem formada segundo a configuração de espaço em que cada pessoa, conforme sua classe de inserção na sociedade, se encontra e, dentro desta, o nível de conceitualização gerado pelo plano de conjunto espacial que se toma por mirante, a paisagem variando segundo cada plano de mirante de conjunto de espaço e de inserção de classe e a cada vez que varia o nível de partida do olhar conceitual.

Desse modo, a sociedade que se vê é, assim, aquela que determina o olhar social que se faz sobre a espacialidade diferencial. Assim, não há, portanto, uma, mas tantas espacialidades diferenciais quantos sejam os lugares de práticas sociais e práticas espaciais de onde para ela se olhe, e tantos níveis de representação quantos ofereça o estrato das configurações espaciais, com suas miradas e vivências relacionais da totalidade social. E, assim, pela mesma razão, não há uma só sociedade, mas tantas quantas determinem os olhares da espacialidade diferencial, cada nível de conceitualização e de representação vendo e falando de uma sociedade diferente, mesmo que para homens e mulheres que se entendam vivendo uma mesma sociedade. Olhares de configurações espaciais múltiplas, resultantes de uma espacialidade diferencial fragmentada num múltiplo de realidades sociais de espaço que levam esses homens e mulheres viventes desses múltiplos espaços viverem, e se sentirem vivendo em sociedades multiplamente diferentes.

O NOVO E O VELHO

Uma diferença basicamente distingue os clássicos dos novos: a categoria do enfoque. Os clássicos referenciam a paisagem; os novos referenciam o espaço. E sem o perceberem, essa diferença de enfoque orienta seus olhares para dois distintos referentes: a coesão das relações por trás da relação da paisagem e a reprodução das relações por trás da relação do espaço. Há uma noção intuída, de certo modo subentendida e, por isso, nunca posta em evidência nos exercícios de reflexão teórica, de um sentido, tanto na relação da paisagem quanto na relação do espaço, de regulação.

O certo é que tanto a paisagem para os clássicos quanto o espaço para os novos não são categorias em si, mas institutos de ordenamento (dizemos do espaço que é organização) das relações geográficas das sociedades: a paisagem nas comunidades primitivas e o espaço na sociedade capitalista moderna. De fato podemos constatar haver uma relação de identidade maior dos clássicos com a paisagem e o mundo das sociedades comunitárias, e dos novos com o espaço e o mundo das sociedades modernas. E não propriamente por estarmos diante de duas fases da história separadas pela evolução das técnicas.

Quanto mais próximo o clássico está da virada do século XIX para o XX, mais exprime a relação paisagem-comunidade em seus escritos. E quanto mais se aproxima dos meados do século XX, mais exprime a relação espaço-capitalismo nos seus, mais se aproximando do enfoque dos novos, como a revelar uma transição de um enfoque para o outro.

Qual é então o significado dessa diferença? E qual o sentido heurístico da mudança do enfoque. Haveria uma correlação paisagem-comunidade e espaço-capitalista no real da história das sociedades ou seria isso uma questão teórica de épocas? Duas pistas aparecem entre os novos sugerindo um caminho de elucidação dessas perguntas:

a tese da ação reestruturante da acumulação primitiva sobre as relações geográficas das sociedades, de Quaini, e o efeito universalista do valor-de-troca sobre as relações da sociedade capitalista, de Smith. Vamos acrescentar o âmbito de escala e a densidade do arranjo do espaço a essas relações.

Tanto para Quaini quanto para Smith há um sentido nas formas e processos com que as sociedades geograficamente se organizam por meio do qual, em face do capitalismo, distinguem-se hoje e ontem. A diferença de enfoque dos clássicos e dos novos parece indicar ter relação com a presença da paisagem nas configurações passadas e do espaço nas configurações presentes. A teoria da espacialidade diferencial de Lacoste dá bem a medida dessa distinção, com feitos, acrescentemos, sobre o valor heurístico da paisagem para as comunidades e do espaço para o capitalismo.

Da paisagem ao espaço

As antigas comunidades tinham uma escala local e proeminentemente natural de organização. Cada cultivo, cada habitação e cada roupa do vestuário expressava essas características, ao tempo que as reforçava. Daí vinham os traços da cultura e os elementos formadores de suas representações. Vidal observa que, da casa de madeira típica das áreas de floresta, vinha o sentido do efêmero, e da casa de pedra das áreas de clima árido o de perenidade, traduzindo-se o material de construção numa noção de tempo e numa metafísica. Paisagem e comunidade assim se confundem. A comunidade organiza a paisagem como um modo de vida e a paisagem retorna à comunidade na ação reguladora da coabitação e do cotidiano corrente das pessoas. Toda uma descrição de mundo via descrição da paisagem deriva desse quadro geográfico, ainda fortemente presente na virada do século XIX-XX, formando a tradição teórico-metodológica que vem de Vidal até Sorre, e que com Vidal ganha a interpretação ontológica da paisagem como uma instância de coesão das relações comunitárias. Uma forma de leitura que se mantém ainda hoje entre os novos no conceito de fitoestasia de Tricart.

A natureza da organização muda de escala e de forma do arranjo do espaço com o advento do capitalismo. A característica geográfica da sociedade capitalista é a multiplicidade de locais articulados por uma divisão territorial da produção e das trocas. Mas esse arranjo distingue dois momentos que Marx designa de subsunção formal e subsunção real no famoso *Capítulo IV (inédito)*, o primeiro da fase de transição e o segundo do capitalismo maduro (Marx, 1975).

O primeiro momento refere-se à interligação dos vários locais individualizados das antigas comunidades pela intermediação dos comerciantes que vão a seus locais com o intuito de comprar e revender seus produtos, aos poucos vencendo seus isolamentos e enredando sua independência numa teia de subordinação ao mercado. Surge, assim, o arranjo espacial da subsunção formal, caracterizado pela existência de uma esfera da produção formada por unidades domiciliares egressas da antiga comunidade, territorialmente dispersas, e uma esfera de circulação integrativa dessas unidades familiares sob o domínio da intermediação mercantil.

Cedo o artesanato domiciliar é substituído pela manufatura, unidade de produção industrial maior e baseada no trabalho assalariado, introduzindo na economia a relação capital-trabalho e, com ela, o início do período da mais-valia absoluta. O desdobramento dessa evolução é a revolução industrial que transforma a manufatura na fábrica e a acumulação mercantil na acumulação industrial, fechando o ciclo da subordinação da produção à esfera da circulação e invertendo a relação de domínio. Encerra-se a fase da subsunção formal e entra-se na plena da mais-valia absoluta, dando início à fase da subsunção real e ao segundo momento do arranjo espacial capitalista.

A subsunção formal é o arranjo espacial correspondente ao nascimento do duplo espaço de Smith, mas em que a segunda natureza pouco se individualizou da primeira, a paisagem ainda se mantendo nos parâmetros da proeminência da primeira natureza. A subsunção real muda esse quadro, acentuando a formação da segunda natureza e lançando os elementos da fundação da terceira, assim diferenciando as três naturezas (primeira, segunda e terceira) e os três espaços (absoluto, relativo e relacional), e definindo os termos dos seus entrelaçamentos, criando a escala do espaço do capital.

A escala de espaço aqui é mais ampla, e o arranjo espacial mais denso. Distinguem-se, entretanto, a escala e o arranjo do momento da mais-valia absoluta e do momento da mais-valia relativa. A mais-valia absoluta é a extração do excedente operário pelo alongamento físico da jornada de trabalho. A mais-valia relativa, ao contrário, é a extração do excedente pela desvalorização do valor (Magaline, 1977). Isso significa uma configuração de espaço diferente. Durante o período em que vige a mais-valia absoluta quase que exclusivamente, correspondente à primeira revolução industrial, pouco de alteração se dá no arranjo espacial dos fins da fase da subsunção formal. As esferas já inverteram sua relação de mando, com a indústria subordinando o comércio via controle da esfera da produção sobre a esfera da circulação. Mas a escala de espaço e a densidade do arranjo espacial se dão no âmbito de uma divisão territorial do trabalho e das trocas ainda pouco ramificada e de fraco poder de articulação dos lugares de produção em face do pouco desenvolvimento dos meios de transporte e comunicação, com o campo dominando ainda as extensões de áreas e, por consequência, a primeira natureza predominando sobre a paisagem. A necessidade de fazer avançar a subsunção real no rumo da mais-valia relativa, por um lado como resposta à pressão de uma classe trabalhadora cada vez mais organizada em sindicatos e partidos operários e mais exigente em direitos trabalhistas, e por outro lado da competição de mercado que se instala entre as indústrias, leva essa escala e arranjo espacial a uma profunda mudança. A mais-valia relativa significa um aumento da produção e extração de excedente da classe trabalhadora por intermédio do rebaixamento contínuo do peso do custo dos salários sobre os custos gerais da produção, ao tempo que aumenta seu poder aquisitivo, o que só é possível intervindo na produção de alimentos em grande escala e a um custo relativo ainda mais baixo que o da indústria, com a agricultura repassando seus custos mais baixos para o lucro industrial. A resposta vem com a segunda revolução industrial e sua tecnologia de grande escala de concentração, seja na esfera da produção, seja na esfera da circulação. Os meios de transporte e comunicação se irradiam ao infinito, levando a indústria a ramificar-se e a multiplicar-se em grandes complexos urbano-industriais, e a agricultura a capitalizar-se em grandes extensões de área e a grandes distâncias numa divisão territorial do trabalho e das trocas em escala mundial. A relação espacial se faz pela interação de uma diversidade de lugares de produção e de trocas numa escala e arranjo de espaço de dimensão territorial ilimitada, organizando-se nessa complexidade em função das necessidades da reprodução das relações de produção da subsunção real. E a natureza é levada a diferenciar-se e a organizar-se em suas formas nessa mesma escala e arranjo, a paisagem pontual se transformando para dar lugar ao espaço relativo da segunda natureza.

Os clássicos são contemporâneos dessa geografia de escalas e arranjos de grande extensão e densidade da segunda fase da industrialização. Presenciam a extinção das relações comunitárias pelas relações capitalistas em escala mundial e analisam o que vem ora em termos de escala e arranjo da geografia das comunidades, privilegiando o enfoque da paisagem, ora nos termos da escala e arranjo da geografia do capitalismo, privilegiando o enfoque do espaço (que George enfatiza como espaço organizado num contraponto ao espaço não-organizado das comunidades mais primitivas), sem se dar conta claramente do significado dessa diferença, embora pressentindo tratar-se de diferentes formas de controle das relações geográficas em particular do homem com o meio natural, embora Vidal praticamente o perceba com o conceito de gênero de vida.

Seja como for, há uma mudança nas regras e na escala da organização societária nessa passagem das formas comunitárias para as formas capitalistas, inviabilizando a continuidade da leitura dos arranjos da configuração geográfica pela categoria pontual da paisagem e exigindo sua substituição pela de natureza mais escalar do espaço. Isso em parte explica a mudança de rumos que o discurso geográfico vai seguir daí para a frente e o teor da polêmica do começo do século XX envolvendo não por acaso Vidal, Durkheim e Febvre, os criadores da Geografia, Sociologia e História modernas, indicando a necessidade de reorientarem o rumo de seus saberes diante da nova realidade de organização da vida humana.

As relações do novo e do velho

Nem sempre as novas teorias veem com clareza a linha de continuidade que têm com as velhas que buscam superar; nem sempre conhecem o princípio dialético de superação de Hegel de ultrapassar, porém mantendo o essencial da identidade. Negar, mas validando o que é válido e reformulando o que deixou de ser. A crítica dos anos 1970 foi ácida com a geografia clássica, embora sem ter o propósito demolidor do movimento teorético-quantitativo, que lhe nega até mesmo um estatuto de teoria.

No fundo, há uma dificuldade de se compreender que problemas enfeixam o velho que se está querendo substituir. E a natureza é a razão da mudança.

Não é preciso maior esforço para perceber-se que há uma diversidade de teorias na obra dos clássicos, de que as teorias dos renovadores são herdeiras. Presas, entretanto, ao histórico imbróglio das determinações.

O problema teórico da geografia clássica é, pois, fundamentalmente de natureza histórica. Não por falta de uma teoria em si, mas de uma teorização que ficou inacabada em sua montagem pela ausência de uma resposta clara aos problemas levantados no seu começo inaugural.

As heranças e a natureza da mudança

Obviamente há uma teoria de Geografia nos clássicos, a começar por Reclus. Entendemos que há uma teoria quando há um universo claro e definido de preceitos de valor reflexivo e prático; e isso há em Reclus, como há em todos os clássicos.

Reclus fundamenta seu pensamento num sentido de história e de natureza no fenômeno geográfico. Assim, se põe numa situação seminal perante muitas das teorias da renovação recente. Posto, ao contrário de Reclus, na perspectiva marxista, Quaini parte do mesmo fundamento. É exatamente a relação história-natureza o que para Quaini foi quebrado pelo processo da acumulação primitiva do capital, aí se localizando as necessidades do acerto. Tipicamente integrado na tradição intelectual do historicismo francês, Reclus bem pode estar na origem do conceito do tempo como realidade de espaço, e do espaço como forma de existência concreta do tempo, o espaço como um histórico-produzido de Milton Santos. Não há um "de dentro" e um "de fora" na visão reclusiana. Homem e natureza e homem e espaço, no fundo, homem-natureza-espaço, plasmam-se, muito embora Reclus não os veja por uma relação metabólica. Para ele, garante-a a condição materialista do homem, mas pelo lado da razão. Num ponto, entretanto, Reclus, Quaini e Milton Santos não coincidem. Para Reclus o homem é a natureza autoconsciente; Quaini pensa a relação homem-natureza pelo conceito do metabolismo de Marx; e para Milton Santos a natureza é um real que se evanesce diante da técnica, tendo mais relação com George que com Reclus e Quaini.

Mas é a afirmação do comunitarismo a base da teoria de Geografia de Reclus. E este ponto aproxima-se, pelo lado da questão comunitária, das teorias de Quaini e de Reclus, e estes das de Vidal e Sorre no que diz respeito à colagem que ambos fazem do gênero de vida como atributo da formação comunitária, e também das de Brunhes, em seus estudos das comunidades do Mediterrâneo europeu. Em todos eles entende-se que foi a quebra das estruturas comunitárias – em Quaini pela acumulação primitiva – que conduziu o homem moderno a uma relação de estranhamento com a natureza e consigo mesmo, no que reitera a teoria de Reclus, para a qual os problemas modernos sociais e de meio ambiente derivam da instituição da propriedade privada, no seio das sociedades comunitárias, atingindo ao mesmo tempo o equilíbrio da natureza e o da existência humana. Vidal e Sorre reafirmam essa visão com o conceito do gênero de vida como a fonte de onde as sociedades pretéritas tiram a estabilidade e permanência de suas tradições, quebradas para Sorre pela introdução do gênero de vida de um rural e um urbano separados, na mesma linha de entendimento de Quaini da separação cidade-campo como o impasse de base da estrutura ecológico-territorial moderna. Também Brunhes confere aos laços comunitários a base das regras de equidade de acesso e uso da água, um recurso escasso tornado abundante, mesmo que em condições de semiaridez, localizando os problemas enfrentados pelas populações do presente na dissolução daqueles laços e das regras que os sustinham.

Não é, assim, de estranhar que quando a dúvida assalta a geografia francesa diante das acusações de falta de cientificidade, não se tenha ido às ideias de Reclus, preexistentes à versão vidaliana, como fonte de contra-argumentos. Em nenhum momento, Febvre e os próprios vidalianos, fazem-lhe remissão.

Pode-se dizer que o gênero de vida é a ideia-força de Vidal de La Blache, embora sua criatividade tenha nos oferecido a autoria de dupla forma de matriz teórica. Uma matriz é a geografia da civilização; outra é a geografia regional. E esta se difunde e ofusca aquela. São matéria de indagação os motivos pelos quais os sociólogos acusam justamente a geografia regional de falta de base científica. Febvre responde com elementos do que, no fundo, é um fundamento da geografia das civilizações, e a geografia regional, não a geografia da civilização, acaba vingando como a teoria geográfica de Vidal por excelência. É sobre a geografia regional que Schaefer lança seu ataque como exemplo de excepcionalismo; Lacoste a denuncia de modo veemente como uma teoria-obstáculo; e Milton Santos igualmente a condena, acusando o conceito de gênero de vida, os estudos culturais de Sauer e a teoria do ecossistema de outros tantos meios destinados a pavimentar o caminho conducente a ela, apontando o Estado-Nação como o recorte de espaço de referência analítica mais apropriada na Geografia.

O fato é que, com a teoria do eixo gênero de vida-cultura-civilização, a Geografia vai tomar uma direção de caminho mais frutífero. O próprio Vidal, tirante *Quadros da Geografia da França*, fonte seminal dos estudos de região de seus discípulos, pouco se dedicou a realizá-los ele próprio. *Princípios de Geografia humana*, seu livro póstumo, junto a *Os gêneros de vida na geografia humana*, espécie de um texto-roteiro de estudo dos tipos e formas de gênero de vida nos diferentes cantos do mundo, parecem indicar os rumos futuros de seus estudos, não fora sua morte precoce em 1918. Talvez porque, à diferença da geografia regional, *Princípios* aponta para a totalidade, um princípio claro de determinação (a palavra-título do livro é precisamente esta). Sem deixar no abandono o recorte, Milton Santos vai resgatá-lo no conceito da formação socioespacial e em sua remissão ao recorte espacial do Estado.

Sorre, o discípulo maior do Vidal de *Princípios* é, ao lado de Hartshorne, o clássico que mais claramente percebeu o ponto da dificuldade. Sua insistência na atualidade do conceito de gênero de vida, em pleno momento da arrancada da segunda revolução industrial rumo a sua aceleração mundial dos anos 1950, bem fala dessa consciência. A combinação de ecúmeno, técnica e ecologia é uma tentativa sua de revigorar as teses e a teoria de Vidal presentes nesse livro. Sorre percebe o deslocamento de escala que a relação ecológica está sofrendo, do nível local para o global do planeta, seja pelo galopante povoamento dos continentes, que ocorre a partir do século XIX, seja desde então pelo rápido espraiamento da indústria e dos meios de circulação pelo mundo, e busca adaptar a teoria geográfica de seu mestre a essa realidade, fazendo dos três volumes de *Fundamentos da geografia humana* ("A noção do gênero de vida e sua evolução" é o capítulo introdutório do livro 3), uma versão atualizada de *Princípios*, embora à luz de uma teoria genuinamente sua. Se Vidal vê o ecúmeno, a técnica e a ecologia como componentes orgânicos do gênero de vida, Sorre os vê como complexos, todos que são partes de uma rede mais planetária de complexidade.

Não por acaso Sorre é a grande fonte de inspiração de Milton Santos, e também de George. George, sabemos, é a ponte entre Sorre e Milton Santos; ambos o reconhecem e o tomam por referência; e une-os a Sorre, sobretudo, a presença primordial da técnica, mas com uma diferença. Assim como George, Milton Santos faz da técnica o vetor principal da ocupação e organização dos espaços, compartilhando com ele a teoria da supressão da natureza pela técnica, quanto mais desenvolvida seja e mais poder de modelagem dos espaços tenha, a ponto de, para ambos, a natureza praticamente deixar de existir ali onde o espaço já se encontre em alto nível de organização e desenvolvimento. Ponto em que estão na contramão de Sorre, que põe a relação da técnica com a natureza e o espaço sob uma dimensão essencialmente analítica. Enquanto George e Milton Santos colocam os interesses sociais por trás do uso da técnica, condenando a forma do uso, não a técnica, Sorre parte da mesma posição, mas para colocar a técnica ao lado da devastação do meio ambiente, numa centração da crítica na própria técnica. É um tema pelo qual também enveredam Tricart e Quaini, Tricart numa concepção parecida com a de George e Milton Santos, Quaini numa espécie de questionamento do paradigma da técnica, sob o invólucro da crítica do caráter das forças e relações de produção. Sorreanos todos eles, na ênfase que dão à presença da técnica à dinâmica das ações geográficas, George e Milton Santos tendem mais à relação técnica-espaço e Tricart e Quaini à relação técnica-natureza.

Há em Sorre acerba crítica à fragmentação da Geografia, também compartilhada pelos seus seguidores, seja a micro dos setores, seja a macro da divisão física *versus* humana, concebida como uma descabida tolice, que Sorre, quando muito, aceita como pontos de começo, não seccionamentos. Sorre critica também a segmentação e análise em separado dos recortes regionais, que ele concebe como formas de visualização das paisagens, que a técnica moderna atravessa em uma intensidade cada vez maior, com seus efeitos de desmonte, vendo-as como níveis de classificação dos ambientes ecológicos, âmbitos taxonômicos com valor analítico dos complexos, e, assim, diferenciações de um todo, numa aproximação com a teoria da diferenciação de áreas de Ritter, retomada por Hettner, distanciando-se da geografia regional.

Mas é a teoria de Brunhes provavelmente a de maior recobrimento de influências nessa relação de continuidade-ruptura entre as teorias de renovação e as teorias dos clássicos. Pode-se conceber que é ele o introdutor da noção do arranjo espacial, da relação forma-processo e da denúncia sistemática da devastação ambiental na geografia clássica. Pela noção do arranjo, Brunhes antecipa George, Harvey, Smith e Tuan, pela noção da forma-processo, Harvey e Milton Santos, e pela denúncia ambiental sistemática, Tricart e Quaini.

Sua visão de arranjo espacial é dinâmica, por excelência, e frutiferamente metodológica pelo que guarda de determinações. Brunhes sugere que toda pesquisa geográfica se inicie pela montagem do quadro do arranjo espacial dos fatos essenciais. Primeiro, monta-se o plano cartográfico da localização e distribuição do arranjo das casas, depois dos caminhos, seguindo-se do cruzamento de casas e caminhos que leva ao surgimento das cidades, montando-se, nesse momento, o quadro da localização e distribuição destas, completando-se essa fase preliminar com o plano da localização e distribuição das manchas de cultivos e criações que ocupam o espaço intersticial das casas, caminhos e cidades, com atenção sobre o forte efeito locacional das cidades sobre a localização-distribuição dessas manchas. Tem-se assim o *habitat*. A segunda fase consiste na reconstituição do movimento das redistribuições desse arranjo geral, provocada pela mudança do quadro das localizações, montando-se a analisando-se o redesenho sucessivo das arrumações, suas causas e tendências, de modo a apreender-se o movimento do retraçamento dos *habitats*, o troca-troca dos cheios e vazios. Focado no papel dos arranjos, a localização não é, assim, a referência para Brunhes, mas a distribuição, um meio de análise, o interesse geográfico sendo o processo das redistribuições. Brunhes entende que a fixação do olhar na localização prende a análise geográfica ao fixo, ao imóvel e, assim, ao permanente; a distribuição, ao contrário, leva-nos a dirigir a atenção para o movimento e a mudança.

Sabemos que o discurso do arranjo do espaço é a base da teoria geográfica de George, revelando a influência de Brunhes. Isso leva George, como Brunhes, a fugir do foco regional, sem dispensar o recorte, a considerar tanto o dado natural quanto o humano, a reafirmar a cartografia e a linguagem cartográfica como âmbitos geográficos, a não sujeitar a distribuição à localização, embora mantidas ambas, e combinadas, como referências, a ver o espaço como um espaço dinâmico e a olhar o recorte e o entorno, enfatizando as interações dos espaços.

Fale-se o mesmo de Harvey e sua teoria da justiça distributiva territorial, de Smith e sua teoria da diferenciação-equalização do desenvolvimento desigual, e de Tuan e sua teoria corpóreo-espacial, todas apreensíveis na perspectiva brunhiana dos arranjos do espaço: a teoria de Harvey numa linguagem de economia política do espaço, a de Smith numa linguagem de economia política da produção da natureza pela produção do espaço e a de Tuan pela linguagem do simbólico.

Já a noção da forma-processo de Brunhes é por definição estático-dinâmica. A distribuição das formas orienta os processos e os processos se materializam nas formas, sendo estas o dado principal numa explícita relação dialética. Isso mostra uma influência de Brunhes sobre as recentes teorias da forma em Geografia, remota na *new geography* e mais visível em Harvey, Smith e Milton Santos. Forma e processo são o par categorial da *new geography*, mesmo que levado para o terreno do formalismo puro. É, por isso, o par que também encontramos formando a base de Harvey: de puro geometrismo no Harvey teorético-quantitavo de *Explanation in Geography*, e a caminho da descoberta da dialética marxista no Harvey de *A justiça social e a cidade*, neste para formar a base do conceito da justiça distributiva territorial. Daí chega a Smith e sua teoria do desenvolvimento desigual. Em Milton Santos a forma é a base do método, combinada com a função, o processo e a estrutura como categorias da análise geográfica e do conceito de forma-conteúdo do objeto espacial.

Por fim, a visão de relação ambiental, vinda dessa dinâmica de redistribuições constantes, resulta numa dialética de ordem-desordem, talvez o ponto mais original da teoria de Brunhes. O espaço natural original preexistente é nessa visão brunhiana alterado para dar lugar ao espaço construído, a construção se dando pela destruição, a destruição alimentando a construção, numa relação de mudança cujo resultado não é necessariamente negativo para o meio ambiente, a depender do parâmetro social-técnico, numa semelhança com a teoria do par forças-relações de produção do materialismo histórico que levou Milton Santos a ver proximidade entre o pensamento de Brunhes e o de Marx. Certamente não é bem o que se observa, mas não por acaso o que há de aproximação em Brunhes-Marx é a base precisamente de onde partem Quaini e Tricart, em suas respectivas teorias de estrutura ecológico-territorial e de equilíbrio fitoestático.

Quaini vê uma alteração estrutural radical das relações ambientais comunitárias pré-capitalistas quando a acumulação primitiva predispõe o arranjo do espaço num padrão arrumado na conformidade da realização da acumulação capitalista, com isso quebrando e recriando os termos da relação metabólica do homem e da natureza numa relação a ele desfavorável. O substrato desse novo arranjo é a divisão territorial capitalista do trabalho e das trocas que subordina a produção dos valores-de-uso, introdutora de uma relação de história-natureza no metabolismo, mas orientada para os propósitos da conversão destes em valores-de-troca, que introduz, tal como vemos na teoria geográfica de Smith, as relações metabólicas características socioambientais inteiramente sem analogia.

Essa é a mesma apreciação de Tricart, porém a partir de um olhar centrado no âmbito interno das relações da natureza para ir alargando no sentido das relações societárias mais amplas, segundo os contextos de história. Tricart vê um laço de equilíbrio dialético no quadro dessas relações naturais por envolver dois planos distintos de contradição, ambos dependentes da ação intermediadora da cobertura vegetal, uma que se passa dentro da esfera inorgânica do ecótopo e outra que se passa dentro da esfera orgânica da biocenose, duas esferas interdependentes, ambas presas nessa interdependência a uma dependência da presença da vegetação. A primeira dessas contradições é a que ocorre entre a morfogênese e a pedogênese. A segunda, a que ocorre entre a biocenose e as formas de uso do solo que o homem, ser da natureza, introduz dentro dela através das criações e cultivos, visando orientar em seu proveito a cadeia trófica. Esse ato, centrado na substituição de uma cobertura vegetal natural por outra a ele consorciada, mexe justamente no ponto de contato da biocenose com o ecótopo, transforma um estado potencial de tendência num outro de ação ativa, e põe ambas contradições, e em simultâneo, em movimento, mexendo e rearrumando os arranjos naturais então preexistentes.

Enquanto estamos no universo social da produção essencialmente de valores-de-uso, como é o caso das comunidades antigas, essas contradições pouco interferem na dinâmica global das relações metabólicas do homem e da natureza. A situação se inverte quando historicamente se entra num universo social governado pela produção de valores-de-troca, sobretudo pela sua tração de exploração da natureza e o caráter dos meios técnicos. Aqui Tricart torna suas as características centrais da teoria de Brunhes, recorrendo ao emprego simultâneo, em suas análises, das noções do arranjo espacial, das relações de forma-processo e da dialética de destruição-construção do espaço, as duas primeiras mobilizadas em função da segunda em seus vínculos ambientais. Por tabela, casa sua teoria com as de Smith e Quaini, e resgata a essência das teorias dos clássicos, mesmo sem empregar o conceito do gênero de vida de Vidal e Sorre, e a de sociabilidade das relações comunitárias, quebrada pelas relações do capitalismo de Reclus, ao tempo que reitera a teoria do caráter determinante do modo de produção do espaço de Smith, Harvey e Milton Santos.

Por onde passam as determinações

Como, então, entra nessas teorias o tema da regulação? É a regulação a determinação geográfica sobre os rumos da natureza, do homem e da sociedade? Mas o que é a relação geográfica?

O fato é que o tipo de equação dado por Febvre – a Geografia cuida do solo, no sentido do chão espacial – mais ajudou a nublar que clarear essas questões. E, diga-se de passagem, contraditoriamente, solo é um fundamento ratzeliano, cuja crítica dos sociólogos Febvre tão enfaticamente reitera. Seu argumento, entretanto, é bem simples. Considerado o estudo de uma comunidade primitiva, diz Febvre, sabe-se o que é da Geografia e o que é da Sociologia num simples exame daquilo que se toma como base de referência analítico-explicativa: se o totem, a análise, é tarefa do sociólogo e da Sociologia, se o solo territorial é então do geógrafo e da Geografia.

Está claro aqui o tema da regulação, mas não o viés pelo qual ele entra, embora Febvre mostre desconfiar, seja em Vidal pelo conceito do gênero de vida, seja em Ratzel pelo conceito de solo. Sabemos que o gênero de vida é o conceito central de *Princípios*, uma obra todavia só publicada em 1922, junto de *A terra* de Febvre. Seja como for, pode-se perceber que esses dois livros, mais o de Reclus, encerram o segredo da regulação e da determinação em Geografia.

Destino estranho este dado a *Antropogeografia*, de Ratzel, e a *Princípios da geografia humana*, de Vidal, obliterados em pleno campo do debate pela importância maior que é dada a *A terra e a evolução humana*, do próprio Febvre. No entanto, um paralelo analítico revela o enorme entrecruzamento que liga os dois primeiros, ao lado do então já clássico *O homem e a terra*, de Reclus. Livros de certo modo contemporâneos – *Antropogeografia* é de 1882/1891, *O homem e a terra* de 1904-1906, *A terra e a evolução humana* de 1921 e *Princípios de geografia humana* de 1922 –, em cada qual seus autores dão uma resposta própria: Ratzel responde que é o chão espacial (o solo), Reclus que é o espaço-tempo, Vidal que é o gênero de vida, e Febvre reafirma, seja o solo territorial, seja o gênero de vida.

Vimos que Friedrich Ratzel (1844-1904) é, junto a Ferdinand von Richthofen, o ponto de renascimento da geografia alemã pós-morte de Ritter e Humboldt em 1859. Vindo da Zoologia, assim como Richthofen da Geologia, Ratzel, como este último, vai ter de buscar em Ritter, Richthofen mais em Humboldt, os fundamentos do seu discurso geográfico (Moraes, 1990; e Martins, 1992). A tarefa é vencer um vácuo criado nos quase quarenta anos que medeiam entre 1845, ano da publicação do volume 1 de *Cosmos*, de Humboldt, obra em 8 volumes que só completaria sua edição, já postumamente, em 1862, e 1882, ano de publicação do volume 1 de *Antropogeografia,* de Ratzel, cujo volume 2 só será publicado em 1891, quase dez anos após, assim preenchido pela ação dos dois, mas não sem consequências.

Antropogeografia segue um itinerário parecido com o de *Princípios*. São ambos estudos sobre as relações históricas do homem com a natureza, tal como se passam no âmbito das civilizações (Moreira, 2006). Vidal fala de "áreas laboratórios" e "oficinas da civilização" para reportar aos nichos geradores dos gêneros de vida que vão modelar civilizações. Ratzel fala de solo e espaço vital, com o mesmo sentido e propósito. Vidal busca tomar o retrospecto dos mecanismos e movimentos de ocupação dos espaços para os apresentar como os marcos da atual distribuição dos homens na superfície terrestre, igualmente fazendo-o Ratzel, este com uma ênfase nos movimentos migratórios e trocas culturais que levará os antropólogos a tomarem-no como o formulador da teoria difusionista. Do mesmo modo, assim como em Vidal o meio geográfico é uma componente constitutiva essencial do gênero de vida, em Ratzel o meio ambiente é uma componente civilizatória fundamental, e como aluno e discípulo de Ernest Haeckel (1834-1919), o criador da Ecologia, ele é de certo modo o estudioso que primeiro usa o conceito no seu sentido moderno nos estudos de Geografia. A fonte é Ritter, mas enquanto em Ritter o olhar flagra as paisagens no recorte das individualizações regionais que fazem da superfície terrestre uma extensa corografia, um mosaico de uma diversidade de meios, em Ratzel cada recorte é um meio ambiente, dentro e na relação com o qual o homem cria sua cultura e por intermédio dessa cultura, num agregado de meios, cria sua civilização. Assim como ocorre quanto à concepção corográfica de Ritter, em Ratzel, a percepção da diferenciação ambiental marca o quadro cultural-civilizatório dos homens, o que, tanto em

Ratzel quanto em Vidal, faz da Geografia uma ciência do homem e da natureza, na concepção autopoiética do termo.

Mas se de Ritter vem o plano espacial, vem de Humboldt o quadro estrutural de conjunto da teoria de Ratzel. Assim como em Humboldt, Ratzel assume seu discurso num articulado de três esferas: a geografia física, a biogeografia e a antropogeografia, a primeira equivalendo à inorgânica, a segunda à orgânica e a terceira à humana da teoria holista de Humboldt. Mas à diferença deste, para Ratzel é a esfera antropogeográfica, não a da geografia das plantas, a da intermediação que articula a relação de integralidade do todo. Essa diferença remete à fonte de sua formação inicial. Vindo originariamente da Zoologia, Ratzel adenda-lhe a seguir estudos de Geologia, à época uma ciência ainda fortemente impregnada do caráter de uma História Natural, acrescentando, por fim, a Ecologia aprendida com Haeckel. Uma extensa viagem pelos Estados Unidos e pelo México feita em 1873 chama-lhe a atenção para os problemas de ocupação e povoamento dos espaços, orientando os seus estudos na direção do que virá a constituir sua visão antropogeográfica. Mas a presença da Zoologia na sua formação inicial marca fortemente seu conceito de meio ambiente, impregnando-o de processos vitais histórico-naturais, daí advindo-lhe uma concepção orgânica de homem e de natureza que o irá aproximar respectivamente de Humboldt, Spencer e de seu mestre Haeckel.

O conceito de solo é visto nessa perspectiva, num misto de organização de espaço, território e fonte de vida, lido à luz do original fichtiano. Em busca de organizar-se socialmente, o homem funda suas raízes na terra de onde extrai, com seu trabalho e nos limites da escala da técnica, seus meios de vida e, assim, institui-se como uma sociedade espacialmente estruturada como um todo sobre o solo, num ato e a um só tempo cultural, com que funda uma civilização, e político, com que funda o Estado. Por ato cultural Ratzel entende aquele enraizado nos valores do cadinho ambiental de seu recorte de território, e por ato político, aquele consorciado de caráter societário que leva os homens a abrir mão de suas individualidades em benefício da convivência um com o outro sob a égide do Estado. Donde se extraem o conceito do Estado como a fonte orgânica da sociedade em seu enraizamento com o e no solo, e o conceito do trabalho como a fonte geradora da realização da vida a partir desse enraizamento no solo territorial. Trata-se de uma referência geral de ideias que mistura elementos do organicismo de Spencer e do contratualismo de Locke, despojado porém da radicalidade liberal deste.

Solo em Ratzel é, assim, definido como o chão de onde saem e brotam os elementos constitutivos da vida, o chão espacial de onde emanam as identidades comuns que fazem dos homens um povo e este finca suas raízes, a morada com que um povo se enraíza num lugar da superfície terrestre e se coesiona sob uma mesma base de sociabilidade política, esta sociabilidade sendo o Estado, o ato político-orgânico da coabitação espacial. É assim que para Ratzel o solo inclui, ao tempo que extrapola, a noção de recursos naturais e remete a uma posição além do chão agrícola para instaurar-se no significado histórico mais amplo da totalidade sociopoliticamente instituída. Inclui e extrapola também o sentido do território do entendimento corrente, razão por que é ao solo que Ratzel vincula diretamente e, em suas relações orgânicas, a sociedade e o Estado. Este também não tem o sentido corrente: Estado em Ratzel é governo e forma de sociabilidade, conceito mais tarde incorporado em *Fundamentos* com esse mesmo sentido por Sorre, posto por este ao lado da religião e da família como outras tantas formas de sociabilidade, mas em Ratzel na função de erguer e organizar a sociedade a partir do solo, e assegurá-lo como sua fonte e modo de existência espacial. Vale lembrar que Ratzel está pensando a partir do modo como Fichte pensa a Alemanha da primeira metade do século XIX e conclama o povo alemão a tomar em suas próprias mãos a tarefa de organizar de baixo para cima o Estado nacional alemão, obstado em seu projeto de unidade pela extrema fragmentação do poder dos príncipes. Nesse sentido, o Estado é a sociedade assentada e organizada no e a partir do seu solo – seu chão espacial – e diferenciada das outras pelas características desse solo. Um discurso do Estado como nacionalidade, e do espaço como política.

É neste sentido que para Ratzel a diferença das formas do solo leva um povo a materializar-se numa civilização distinta de outras. Modos de manifestação das culturas, diferentes por emanarem suas raízes dos seus diferentes aspectos de solo, as civilizações veem seu berço histórico identificar-se, como também pensa Vidal, com os grandes quadros da natureza distribuídos e diferenciados na superfície terrestre. As formas das casas, as paisagens dos espaços agrícolas e as modalidades de vestimenta emanam das páginas de *Antropogeografia,* assim como de *O homem e a terra*, *A terra e a evolução humana* e *Princípios da geografia humana*, como o solo de cada civilização. Partindo desses casulos, os povos intercambiam suas experiências e produtos, migram por entre as áreas novas de seus territórios, guerreiam-se uns aos outros e expandem-se pela superfície terrestre numa relação nem sempre pacífica e nem sempre belicosa. O aumento da população (a "força da densidade") e o escasseamento dos recursos naturais (a "força do meio") são as forças motoras que movem esses povos em seu decurso evolutivo na história, porém intermediados pelas técnicas, regulados pelos intercâmbios e migrações e coordenados pela coesão política de seus Estados, tudo definido no plano de um processo de produção-reprodução de condições de existência, e numa malha de diferentes determinações (Plekhânov, 1978).

Vê-se, assim, que, embora o copie, Febvre não entendeu Ratzel. E presumivelmente não entendeu também Vidal. Dosse e Lacoste são ferinos quanto a isso. O primeiro, um historiador, acusa Febvre de usar da Geografia para os fins de fundar a historiografia da Escola dos Annales (Dosse, 2004). O segundo, um geógrafo, responsabiliza-o e os geógrafos seus contemporâneos pela despolitização que manteve a Geografia anos a fio na retaguarda das demais ciências, entre elas a História e a Sociologia precisamente (Lacoste, 1988). No fundo, trata-se, de parte de Febvre, da percepção de um raro momento de oportunidade de fundar a História sob um novo parâmetro e infundir-lhe um novo rumo, assim como da parte de Durkheim em relação à Sociologia.

Todavia, o fato é que a crítica negadora da obra de Ratzel que se instala com Febvre significou uma interdição prática às suas obras, por tabela da própria geografia clássica alemã, problema de isolamento que só a geografia norte-americana vai romper, com Sauer, que encetará um profícuo diálogo com a fértil geração dos anos posteriores a Ratzel e Richthofen, e com Hartshorne, que mais adiante se incumbirá de trazer Hettner para um conhecimento maior e que extrapola a própria geografia norte-americana. Mas é crível acreditar que, mesmo sem esse propósito, também significou uma interdição da própria matriz da geografia da civilização de Vidal, num reforço ao forte abafamento que lhe faz a hegemonia da matriz regional.

Ora, é com o conceito de gênero de vida, posto em *Princípios* como o nexo estrutural da organização geográfica das civilizações, talvez não por coincidência um caminho próximo ao de *Antropogeografia*, que podemos ver Vidal instituir na Geografia um princípio de determinação, na forma da ideia do gênero de vida como a matriz da regulação. A função constitutiva que Ratzel obtém combinando solo-sociedade-Estado, Vidal logra obter na visão sintética e única do conceito de gênero de vida. Se Ratzel põe no Estado o papel modelador e moderador das relações do homem com o chão espacial-solo, Vidal põe esta função nas entranhas do gênero de vida, na equação que dentro do conceito encontra para o tema da regulação e da técnica, teorizando sob este formato o modo de determinação geográfica. Assim, se em Ratzel é o elemento político o dado regulador das relações geográficas, em Vidal essa função cabe aos rituais simbólicos dos hábitos e costumes próprios aos gêneros de vida. O Estado e o gênero de vida são para Ratzel e Vidal as fontes das regras segundo as quais o homem vive sua relação com o meio geográfico, cria sua cultura e forja e organiza sua forma de civilização. Não basta, assim, tanto para Vidal quanto para Ratzel, descrever e analisar as formas como os homens se relacionam com o meio natural, extraem dele sua sobrevivência e criam seus modos espaciais de existência. É preciso identificar a forma sob a qual regulam o usufruto e funcionamento desse todo.

Esta justamente é a parte oculta, o fundamento obnubilado sob a falsa questão do determinismo-possibilismo, inventada como tema identitário, aí sim, da Geografia por Febvre. Tivesse dispensado uma atenção maior a Vidal e Ratzel, desde o que estes em comum retiram de Ritter e Humboldt, e teria visto em todos eles uma preocupação mais com o que integra e regula as relações geográficas que propriamente com a descoberta de leis de estrita cientificidade que governam regularidades universais constantes e repetitivas por trás das formas e relações específicas do homem e da natureza. Schaefer e os críticos dos anos 1950, correndo atrás de leis físico-matemáticas, incorrem justamente nesse equívoco, mesmo diante dos esclarecimentos de Sauer e Hartshorne do interesse tanto da geografia dos fundadores quanto da geografia clássica naquilo que a paisagem expressa de mais significativo na coesão do modo de vida humano ou da reafirmação de Sorre do significado regulador do gênero de vida sobre esse modo de vida presente no discurso de Vidal. Percebeu-o melhor George, ao orientar a geografia ativa no rumo do balanço analítico das situações; Harvey, Smith e Milton Santos, ao orientar suas teorias para o jogo regulador das arrumações do espaço sobre a reprodução no seu todo da sociedade; e ainda Tricart, ao orientar sua teoria para o papel de regulação da integralidade geográfica pela ação da fitoestasia.

Sorre é talvez o primeiro clássico a buscar mostrar essa evidência. Partindo do pressuposto da validade do conceito do gênero de vida diante das mudanças tecnológicas e das relações socioeconômicas modernas, Sorre compara e traça a análise do problema da modalidade das determinações geográficas no quadro estrutural de história das sociedades. E então se indaga: são as relações geográficas modernas ordenadas pelas mesmas regras de regulação dos gêneros de vida antigos? Como, então, as determinações geográficas cá e lá se fazem? Sorre responde a essas perguntas em *Os gêneros de vida na geografia humana* (Sorre, 1984), texto com que resgata as respostas dadas por Vidal em *A noção do gênero de vida e sua evolução* (Vidal, 2005), onde faz a apresentação do conceito, traça a evolução dos gêneros tradicionais, mostra os gêneros nos dias atuais e externa sua própria avaliação.

Nota Vidal em seu texto que o gênero de vida é uma força a um só tempo de transformação e permanência. E toma as paisagens criadas pelo homem a partir da paisagem natural como referência. Tanto quanto a preexistente, observa, esta é uma paisagem estável, sólida e duradoura, como se o lugar tivesse nascido com ela. Tal característica decorre de o gênero de vida ser o produto de uma ação ao mesmo tempo metódica e contínua, organizada e sistemática, transformadora e mantenedora de sucessivas gerações de homens sobre o meio ambiente, alterando a fisionomia das áreas originais e criando na relação com elas, via um longo e acumulativo processo de tempo, técnicas e hábitos que por fim se arraigam e impregnam tanto o espírito do homem quanto a paisagem, determinando a forma e o conteúdo do meio geográfico, do que resulta a perenidade e permanência dos modos de vida assim instituídos. Pelo lado do homem, são hábitos e concepções próprios de cada gênero que se arraigam nas ideias, laços de família, traços éticos e formas de direito e que fazem do agricultor, do pastor, do pescador e do caçador seres entre si diferentes, embora às vezes habitem um meio natural semelhante. Uma ação sobre o meio que em cada gênero se faz particularmente sobre as plantas e os animais, destruindo, num quadro natural encimado pelo clima e pelo substrato geológico, as associações e consorciações originais do ambiente, para substituí-las, transformando-as num quadro de tipo social de existência igualmente durável, por plantas e animais de sua clientela. Vidal está aqui antecipando a teoria ambiental moderna de Tricart. Pelo lado da paisagem, a sua repetida recriação ano a ano torna-a espelho e forma de garantia de permanência do modo de vida instituído ao longo dos séculos.

Surgem, em consequência, em cada gênero de vida como estruturas homólogas e permanentes, bases de apoio de fórmulas simples como a que associa a rena, o homem e o líquen nas áreas árticas, resistentes em sua existência solidária às pulsações das alternâncias do meio, que formam ao longo da diversidade de ambientes da superfície terrestre a viga que confere coesão interna e faz de cada paisagem a grande arma de regulação estrutural dos gêneros.

Sorre retoma e reitera em seu texto esse discurso de estrutura holista de Vidal: o gênero de vida é reafirmado por ele como um complexo de hábitos que se encarnam numa forma de paisagem, voltada para a garantia da coesão do todo e em cuja base estão os saberes técnicos historicamente formados. Transmitidos pela tradição, esses saberes e os hábitos e costumes são a argamassa da longa durabilidade e permanência dos gêneros no tempo. São eles que vemos expressos no ritualismo mágico destinado a simbolizar modos asseguradores de relação equilibrada do homem com o meio nos gêneros de vida antigos, a exemplo dos ritos de fecundidade e ritos do uso da água. E, assim, são eles a base da liga que sustenta e garante o modo de relação existente do homem com a natureza.

Traços constitutivos da essência do gênero de vida, os hábitos, saberes técnicos e rituais antropológicos se identificam e diferenciam dentro dos gêneros de vida pela distinção dos papéis que eles exercem, aqui de criadores e acolá de conservadores e fixadores, de mecanismos de coesão. A regra de escolha das plantas dos cultivos, o jeito de usar os instrumentos, a forma de depositar os grãos na terra, a maneira como tudo isso se associa e associa plantas e animais – as raízes (ou cereais como o milho) e o bastão nas florestas tropicais, o milheto e a enxada nas áreas de terra leve africanas, o arroz e os solos inundados no oriente asiático, o trigo, o arado e o boi no ocidente europeu –, bem como o modo como essas relações se estruturam na arrumação da paisagem – o desenho do arranjo do *habitat*, a distribuição social das terras, a repartição dos usos e dos campos, a trama do desenho dos eixos de circulação, a localização posicional das aldeias –, são elos e formas de ser e configurar-se como paisagem dos saberes técnicos e dos rituais no seio dos gêneros de vida. E por trás e por dentro desses arranjos da paisagem esses costumes atuam como regras e normas de regulação que coesionam as relações, conferem estabilidade e asseguram a vida e o estado de longa permanência e perenidade do gênero de vida. Todavia, o gênero de vida nasce, desenvolve-se e transforma-se. Aqui, por excelência, a técnica é o vetor da mudança e o hábito o mecanismo social da regulação. Por longo tempo mudança e permanência puderam coexistir. É assim que a introdução do cavalo no século XVI entre os índios das pradarias norte-americanas alterou, mas não desfez, o gênero de vida e o modo de existência indígena. Até o consolidou. O mesmo aconteceu com o surgimento da cidade, da circulação e das trocas que renovaram, mas não extinguiram e até mais estabilizaram, os gêneros e modos de vida seculares. Tudo isso muda a partir dos últimos séculos.

O gênero de vida é um conjunto de saberes, um contexto de rituais consorciados, um modo de definir a forma da presença humana em sua relação com o meio, um fundo de argamassa de um modo coletivo de existência e um complexo de hábitos que regulam a coesão e mantêm a perenidade do todo de um modo de vida. A evolução da técnica impacta, mas não desestabiliza essa estrutura. Servem os exemplos da introdução do cavalo, dos novos artefatos, da cidade, da circulação e das trocas que vimos. A desestabilização só se dá quando, a partir do século XV, estrutural e territorialmente agricultura e indústria, cidade e campo e produção e consumo se separam, e, então, a antiga coesão dos elementos se quebra. A sociedade se atomiza num gênero de vida rural e noutro urbano, cujas regras de regulação desafiam a elucidação os geógrafos.

Não deixa de ser uma percepção desse fato apontado por Sorre a razão de a geografia alemã sair em busca, no correr da primeira metade do século XIX, de encontrar uma forma nova de conceber a paisagem, no intento de revalidar o sentido e o significado emprestados pelas comunidades antigas, ao tempo que o fazer dentro de um novo conceito. Tema que, olhando as tentativas alemãs a partir dos Estados Unidos, vai merecer de Sauer uma detalhada e parcimoniosa atenção, também em busca de um novo conceito.

Sauer, entretanto, vai tomar a paisagem ao mesmo tempo como um elemento empírico-real de coesão da relação meio-vida, na linha do entendimento de Vidal, e como categoria do método morfológico, na linha dos geógrafos da paisagem alemães, num tratamento ambíguo (Sauer, 1998). Nesse passo, Sauer condena Febvre por mostrar conhecimento essencialmente de propagandistas do ambientalismo, revelando pouco domínio da Geografia. Ao mesmo tempo, condena Vidal por suas concessões ao pensamento racionalista no campo do método, com prejuízo à clareza do caminho das determinações. Sauer se refere ao paradigma de ciência centrado no conhecimento causal e que, na geografia norte-americana, resultou no discurso de relação do homem e da natureza, do tipo de adaptação, influência e ajustamento de todos com o significado de controle, criticado por ele. E contrapõe ao conhecimento causal o modelo da morfologia geográfica, numa ótica distinta da teoria da forma de Brunhes.

A morfologia é um modo de ver o real que vem de Goethe, introduzido na Geografia por Humboldt. Para Goethe, seguindo a tradição dos clássicos da filosofia, a forma é a categoria que confere corporeidade à matéria, tornando-a objeto sensível, e, assim, dotando-a de individualidade e unidade em si. É a forma que nos abre para a compreensão do mundo e faz da sensibilidade perceptiva a chave dessa compreensão. E é por força dessas características conferidas pela forma que o homem vê o mundo como uma integralidade morfogenética. Goethe transpõe essa teoria para todos os seus campos de estudo, enfatizando a universalidade do fundamento ontológico da forma. Assim, aplica-o aos estudos de flora e fauna, aos seus estudos de Biologia, ou aos seus estudos de Geologia, das rochas e camadas, bem como ainda aos seus estudos das artes, recuperando o conceito aristotélico de relação de sensibilidade humana com o entorno físico (no sentido de o oposto do metafísico), a forma expressando tanto a intuição, a imaginação e o êxtase quanto o encantamento, o sublime e o belo diante dos objetos e o quadro vivido do mundo (Andrade, 2000). É essa estética goethiana que Humboldt transporta para a Geografia, aplicando-a intensivamente a seus estudos das paisagens (Ricotta, 2003). De Humboldt essa noção se transfere para o olhar geográfico do geólogo Richthofen, resultando na fundação da morfologia (nome tirado da morfologia de Goethe), depois geomorfologia. E daí ela se generaliza para todo o âmbito alemão na forma de uma geografia das paisagens. A introdução da dimensão tempo transforma-a em morfologia genética, e é assim que, por exemplo, a geomorfologia se desprega de sua origem geológica para converter-se com Cholley e Tricart, na França, na morfologia climática, e, voltando para a Alemanha, com Büdel, na morfologia climatogenética, e Felds, na geomorfologia antropogenética.

Sauer é o herdeiro transatlântico desse discurso ôntico-ontológico da forma. Mais que uma forma externa, a paisagem em Sauer é, pois, um princípio genético e unitário do real, um fato de coesão e organização geográfica dos fenômenos, antes que um fenômeno ela mesma, e um recurso do método em Geografia. Ente geográfico por excelência, em Sauer a paisagem é uma associação de formas individuais que juntas se traduzem numa totalidade individual em relação às outras, conferindo-lhes unidade e por meio dessa unidade definindo um lugar. Vista pelo prisma reverso, sendo os fatos de um lugar associados no seu conjunto, a paisagem é a individualização desse lugar como um recorte de área na superfície terrestre, chegando a essa individualização e ao todo do mosaico de paisagens da superfície terrestre pelo método da comparação, num caráter corológico que retira de Ritter. Daí que o mapa, reproduzindo a paisagem por meios simbólicos, faça da cartografia, ela também, e derivativamente, uma morfologia. E daí também que a área, o lugar assentado no recorte, definida por sua forma, estrutura e função – um tema retomado por Milton Santos – só possa ser compreendida em Geografia por sua posição no âmbito do sistema corológico de que é parte.

Vem desse conceito da paisagem como um traço orgânico a ambiguidade de Sauer. Na medida em que é o produto que vem da generalização das observações das formas individuais a ela internas ou da comparação de uma com a outra como na acepção corológica do mosaico, a paisagem é mais que a cena físico-real que aparece individualizando o lugar diante de nós, sendo, antes, menos o real dado e mais o que se deseja ver pelo seu olhar seletivo o observador. É ela o fruto da escolha do olhar arguto do observador. Todavia, não é um algo que ontologicamente depende dele, é um produto do interesse desse olhar e um fato objetivo e real de entendimento, a um só tempo.

Sauer neste ponto aproveita para contrapor a perspectiva do racionalismo à sua, de modo a rejeitá-la. Se de um lado a paisagem é o resultado do preceito nomotético da necessidade de se compreender uma estrutura organizada e informada por um padrão relacional, de que pode vir sua explicação e entendimento científico, de outro, ela é o resultado do olhar seletivo do geógrafo, que não busca vê-la necessariamente na perspectiva relacional da causalidade, mas da conexão e ordem, escolhendo, dentre aquilo que se mostra à sua observação perceptiva, o que se oferece de homologia, isto é, de um equivalente funcional nas formas estruturais das diferentes paisagens, e segundo sugira seu conhecimento da situação real por ele vivida e percebida, o geógrafo privilegia aquilo que se revela reciprocamente significativo. É essa segunda perspectiva, mesmo que em tudo ambígua, que Sauer escolhe. Hartshorne é outro geógrafo que compartilha e se mostra enfático quanto ao valor fundacional da significação em Geografia.

A indagação sobre o sentido da paisagem e o modo metodológico como a partir dela pode-se chegar à compreensão do real de que ela faz parte, levando-o a enveredar longamente pelos meandros da morfologia no âmbito da geografia alemã de seu tempo, é a dupla face como o tema aparece em Sauer. Em nome da unidade discursiva tudo joga no plano metodológico da morfologia. É a morfologia que referenda o sentido da coesão que era o apanágio discursivo dos que o precederam e ainda agora busca ter o referendo de seus pares na geografia germânica. E é a morfologia que garante o modo próprio do tom do agir e pensar geográfico e faz do caráter genético-estrutural da paisagem o seu próprio ponto de partida. Ora, é este duplo o que faz da paisagem, a um só tempo, teoria do real, um elemento de identidade e coesão do todo do lugar da tradição vinda do conceito do gênero de vida, e uma componente essencial do método em Geografia, o método morfológico – um método morfológico sintético e fenomenológico, no sentido fenomênico, no dizer de Sauer – de um sistema evidencial.

Todavia, essa ambiguidade não é fruto do acaso. É Quaini quem vai oferecer uma explicação para o que se insinua como um problema, mostrando ser uma pura manifestação do imbróglio que desde o começo do século tortura, acumula-se e se consolida no terreno da clareza do modo geográfico de determinação, dando pistas à própria elucidação do *affaire* Émile Durkheim. Há um modo distinto de determinação antes e depois da acumulação primitiva do capital, explica, cuja ocorrência altera radicalmente os termos da organização geográfica das sociedades. A quebra do laço metabólico, via quebra do vínculo orgânico que o homem tem com a terra e o seu uso, por seu modo de vida comunitário e pela acumulação primitiva, sujeitando o metabolismo do homem e da natureza a um arranjo espacial organizado na lógica do valor-de-troca, é para Quaini a raiz de origem de um modo espacial de existência – o ecológico-territorial – que significa um deslocamento da paisagem para o espaço como epicentro das determinações geográficas nas sociedades modernas, nas quais a relação de coesão dá lugar à relação de reprodução.

Quaini referenda como sua a teoria de Lefebvre, trazida à Geografia por Harvey, Smith e Milton Santos, para o qual a reprodução do espaço é o elemento de regulação, a partir da reprodução das relações de produção que a reprodução do espaço permite, das relações totais da sociedade capitalista (Lefebvre, 1973). E caracteriza, junto à tese de Lefebvre, a categoria da reprodução como a forma de determinação geográfica geral do espaço capitalista desde o momento inicial da acumulação primitiva. A divisão territorial do trabalho baseada na separação campo e cidade que advém da expropriação do homem em relação à terra, e assim à natureza e à vida comunitária, é o eixo principal dessa matriz de organização. Através dela a relação capitalista subordina o metabolismo sociedade-paisagem ao metabolismo sociedade-espaço, sanciona a estrutura do arranjo espacial assim criado como a via da reprodução contínua da sociedade de classes da qual é a base e funda um formato e um modo de determinação geográfico novo na história.

Sorre já percebera no arranjo de cidade e campo territorialmente separados a emergência de um duplo tipo de gênero de vida e pressentira nisso o surgimento de um modo de determinação geográfica nova, que não consegue classificar. E a geografia alemã, que referencia não a leitura do gênero de vida, mas da paisagem, já notara que esta já não tem o sentido e o significado de antes, voltando-se para a tarefa de recriar num modo de entendimento novo seu papel funcional na Geografia. É o que Sauer igualmente percebe e reitera, mas pressentindo que tem que ir mais além. E essa é a razão por que logo em seguida ele desloca seu centro de interesse da morfologia da paisagem para a geografia histórica (Sauer, 1991) e a geografia cultural (Sauer, 2000a e 2000b).

Seja como for, a coesão conferida pela paisagem nas velhas formas de relação de totalidade dos gêneros de vida comunitários é deslocada para a reprodução conferida pela configuração dos arranjos do espaço nas sociedades advindas do processo histórico da acumulação primitiva, e isso significa uma mudança nas formas, no modo e nos vetores de incidência da regulação que só na virada do século XIX para o XX vai mostrar-se empiricamente em toda sua evidência – não por coincidência, é o momento em que os geógrafos e a Geografia são envolvidos em uma enorme polêmica de campos de atribuição e competência com a Sociologia e a História. Talvez porque deixam de se confundir, assim, as leis históricas e as leis naturais no plano do metabolismo homem-natureza, levando o mecanismo de coesão das relações estruturais a descolar-se da paisagem e ir localizar-se nas relações do espaço, obrigando a ciência a habilitar-se à capacidade de explicar os rituais metabólicos novos, já se sabendo ser pelas veredas formais da organização do espaço. Assim, o solo de Ratzel, campo que sempre fora tarefa da Geografia investigar, porém agora renomeado de morfologia social pelos discípulos de Durkheim, e economia espacial, vulgo teorias de localização, pelos economistas, a exemplo de Von Thünen, Palander e Alfred Weber, leva a Sociologia e a Economia, estrategicamente reposicionadas, a proclamarem seus saberes competentes. Pressionados, os geógrafos cedem, e aceitam ceder doravante reiteradamente, bastando ver-se que, não por coincidência, as críticas dos anos 1910, 1930, 1950 e, agora, as dos anos 1970, são as mesmas, trazem os mesmos desatinos e têm os mesmos argumentos.

O fato é que esse momento é quando o espaço tem sua grande entrada como categoria de leitura da realidade geográfica. E então não só pelas mãos da Geografia. Percebem-na Ratzel, mesmo que ora sob a designação de solo, ora de território, ora de espaço vital; os sociólogos durkheimianos, mesmo que sob a designação de morfologia social; os economistas ricardianos e neomarginalistas, mesmo que sob a designação de teoria locacional; e Vidal e os vidalianos, mesmo que sob a designação de região e geografia regional e, por fim, gênero de vida e paisagem. Percebem-na mais claramente ainda os geógrafos da *new geography*, mesmo que na forma do geometrismo puro, e os da geografia ativa, mesmo que na forma da contradição estrutural das situações. E ainda os renovadores dos anos 1970, assim como percebem-na os ambientalistas e ecologistas, os sociólogos e economistas de hoje, não por acaso tributários do holismo de Humboldt e da teoria da regulação ambiental-espacial dos clássicos.

Mas esse não é um quadro claro para os teóricos da renovação, muito menos o significado heurístico da emergência e substituição da paisagem pelo espaço na teoria geográfica. Então, sob esse fundo nebuloso, buscam incorporar e ultrapassar a herança de Reclus, Vidal e Ratzel, os geógrafos da civilização, Brunhes, Sorre e George, e dos teóricos alemães da geografia da paisagem. Seu ponto de referência é o conceito econômico da reprodução vindo de Lefebvre.

É Henri Lefebvre (1901-1991), um filósofo, quem chama a atenção para a relação da reprodução com o espaço, particularmente nas condições do capitalismo avançado. Na sua esteira vêm Harvey, com seu conceito de justiça distributiva territorial; Smith, com o conceito da produção recíproca do espaço e da natureza; e de certo modo Milton Santos, com o de formação socioespacial.

A base de Harvey é o seu conceito de solo, em muito rememorativo da teoria de Ratzel, mas visto como o conjunto das benfeitorias que ao tempo que o valorizam (no sentido de impregná-lo de valor) em sua função econômica e o habilitam para a função de condição de reprodução, transformam-no em espaço. O espaço, assim formado num misto de valor-de-uso e valor-de-troca, exerce sua determinação sobre a reprodução da sociedade desde sua base econômica, agindo por intermédio da função posicional dos fatos localizados. Além de absoluto e relativo, o espaço geográfico é relacional, cada ponto dele contém todos os outros pontos e o conjunto do arranjo espacial intervém como um todo. Harvey usa a metáfora do tabuleiro de xadrez para referir-se à dinâmica da função reprodutiva do espaço, lembrando, com o exemplo do espaço urbano, o efeito de mudança em cadeia do quadro da distribuição das acessibilidades que ocorre toda vez que uma troca de localização na rede do sistema de circulação altera e junto leva a que realinha, todo o quadro posicional dos lugares, mudando o sistema do arranjo da distribuição e a dinâmica das interações espaciais dentro da cidade. Daí que Harvey ponha grande ênfase na paisagem, levando o urbanismo sempre em consideração enquanto elemento de coesão do arranjo espacial da cidade. Chamam-lhe a atenção a repartição espacial das benfeitorias do solo, a rede de infraestrutura do capital fixo, a localização dos prédios, o formato da rede de circulação, a divisão territorial do trabalho e das trocas, a função integradora do mercado, a relação coordenadora do dinheiro, o papel conjunto do arranjo espacial de assegurar a repetição contínua dos ciclos reprodutivos e, sob este aspecto, dialeticamente atuar como uma instância a um só tempo de mudança e permanência, como numa versão modernizada de instituição da perenidade das sociedades antigas analisadas por Vidal.

Smith envereda pelo mesmo caminho, mas ele é quem retoma o espaço em sua função de regulação do metabolismo de modo mais explícito entre os renovadores dos anos 1970. E o faz numa combinação original de reprodução e regulação. Estas representam em Smith duas categorias que falam de dois movimentos distintos, se bem que integrados, dentro da relação do par valor-de-uso e valor-de-troca. A reprodução se dá junto à produção e transformação do valor no lucro e a regulação se dá junto ao circuito do ciclo do retorno da produção de modo a garantir sua repetição num *continuum*. O ciclo sempre retorna ao metabolismo, que retoma o processo de geração de novo valor-de-uso, segundo a infraestrutura de produção e o quadro da distribuição dos pontos de produção existentes, localizados dentro da divisão territorial do trabalho, instalado dentro do espaço absoluto, alimentando a acumulação em caráter contínuo, de modo semelhante a como vemos em Lefebvre e Harvey.

O metabolismo é, assim, o alvo da reprodução, e o arranjo do espaço o alvo da regulação. É no plano do metabolismo que a produção espacial da natureza se realiza. Daí que tanto o duplo da natureza quanto o duplo do espaço se autonomizem e se reentronizem num moto perpétuo em que a primeira natureza é a natureza natural e a segunda natureza é a infraestrutura, que volta a ser primeira no ciclo reprodutivo. A partir da segunda fase e daí para diante o que é uma e o que é outra se embaralham e se confundem, sendo a segunda natureza ora segunda, ora primeira, se a vermos no plano do consecutivo recomeço dos ciclos da produção. Smith está entendendo com essa leitura que valores-de-uso originalmente natural-naturais como o solo, plantas, animais, minerais, água e as potencialidades outras da natureza passam após seu primeiro uso a impregnar-se de um conteúdo social ou representacional (no sentido de conhecimento científico), assim como dos beneficiamentos do solo ou da técnica, que os tiram do estado de primeira e os transformam em segunda, e mesmo terceira natureza, o que era natural passando a ser social e o que é social voltando a ser natural, numa superfície terrestre cada vez mais historicizada. De modo que o espaço, embora sendo já uma segunda natureza, intervém ciclicamente ora como primeira, ora como segunda, ora como terceira natureza, a depender do momento do movimento do ciclo reprodutivo. Natureza e espaço assim se confundem na teoria de Smith, uma vez que ambas são categorias de regulação dos momentos do movimento da reprodução, o espaço produzindo a natureza e a natureza produzindo o espaço. Smith teoriza aqui sobre o modo como as transfigurações recíprocas da natureza e do espaço vêm a substituir o que eram funções da paisagem no modo de produção capitalista. E como a teoria do valor oculta tudo isso na ideologia da natureza e do espaço enquanto peças-chave da alienação do homem e do seu metabolismo com a ajuda da ciência moderna.

Milton Santos também parte do espaço e da natureza. Há uma primeira natureza que se transforma na segunda no ato da sua transformação em meios de vida e meios de produção, que, através da localização e distribuição destes, organizados como infraestrutura de capital fixo, transformam-se em espaço.

O espaço nasce, assim, diz ele, do processo de produção econômico-social da sociedade, num ato recíproco de produção em que a sociedade produz o espaço no ato de sua produção e o espaço produz a sociedade à medida que se produz a si mesmo. O modo de produção da sociedade é o modo de produção do espaço, e vice-versa. O modo como o espaço produz a sociedade no mesmo ato em que é produzido por ela é que transforma o espaço em determinação e a sociedade em formação socioespacial. A sociedade autoconcretiza-se, assim, nessa relação com o espaço, e o espaço nessa relação com a sociedade, sobredeterminando sempre.

Esta posição estratégica em que se põe, localizado entre a natureza (a natureza primeira) e a sociedade (a natureza socializada), é o elo que faz do espaço a chave da integração global. E da sua reprodução permanente.

George está claramente presente em todas essas teorias. E as interpreta de uma forma pouco explorada por seus descendentes intelectuais. Há uma duplicação em tudo – um duplo da natureza, um duplo do espaço e o espaço e a paisagem como um duplo – porque são o correspondente do visível e do invisível com que forma e conteúdo e aparência e essência se manifestam no movimento dialético dos fenômenos. Trata-se de um par categorial que George, em vários momentos, utiliza para mostrar a ontologia (George, 1969) e o método (George, 1978) da Geografia no modo como teoriza. Nesse duplo, o espaço serve para ocultar aquilo que na paisagem do passado se via com maior visibilidade e transparência e se põe como uma ideologia do ocultamento. Milton Santos fala do espacismo; Lacoste do poder dos "estados maiores"; Ratzel já antes dissera que espaço é poder.

Daí que, no âmbito da geografia ativa, George proponha a leitura do real pelo balanço das situações. George é talvez o geógrafo clássico mais claro na dimensão reguladora do espaço, chamando a atenção para o papel ordenador dos arranjos espaciais. Com ele a Geografia vira uma teoria da organização, a organização espacial da sociedade na história (Milton Santos, que vai além, dirá que o espaço produz), e um discurso que recupera o sentido social e político abandonado desde o texto de 1913 de Vidal. E se torna mais claro o papel de determinação geográfica da técnica, primeiro no vínculo essencial com a produção do espaço (o espaço é um produto da técnica) e segundo no papel dinâmico que cumpre no descompasso dialético dos freios e aceleradores dentro das situações. A primeira é uma afirmação que herda de Brunhes e Sorre e nitidamente transfere para Milton Santos; a segunda é o seu tributo à tese da teoria do estado de tensão permanente entre relações de produção e forças produtivas como motor de impulsão, transformação e desenvolvimento da história de Marx. É assim que George pode classificar as sociedades na história pela presença-ausência da técnica: as sociedades de "natureza sofrida" pela ausência e as sociedades de espaço organizado pela presença, a técnica fazendo a diferença.

Já no começo do século Brunhes havia notado essa determinabilidade essencial do espaço no modo de organização geográfica das sociedades modernas, embora o visse ainda com um sentido de paisagem, dada a dimensão ambiental que empresta à sua teoria. Vindo do estudo monográfico de comunidades envolvidas com problemas de gestão de recursos escassos, como a água nas condições semiáridas do Mediterrâneo europeu, para a escala mais integral e aberta do todo organizado nos quadros coloniais e industriais da moderna sociedade capitalista, Brunhes transita de um contexto de regulação para outro. Nos estudos do semiárido, Brunhes põe em evidência o papel de regulação das regras e normas de coesão comunitária no controle do acesso à água como um recurso que deve ser preservado ao tempo que entregue ao uso generalizado, enfatizando, como o fazem Vidal e Sorre para os gêneros de vida do passado, o valor dos hábitos e costumes como bases de instituição de estabilidades e permanências. Quadro de relação que desaparece quando essas comunidades se transformam em sociedades modernas, nas quais as regras da reprodução espacial passam a organizar e orientar o rumo das relações. Brunhes chama a atenção para o fato de que, entre a destruição construtiva e a construção destrutiva que caracterizam a ação geográfica humana em toda sociedade na história, distingue-se o equilíbrio dinâmico estabelecido pelas regras e normas de coesão comunitárias do desequilíbrio permanente criado pelo jogo de um processo de distribuição-redistribuição dos cheios e vazios do espaço de regulação, aparentemente sem regras das sociedades coloniais e modernas, de modo que a construção destrutiva parece prevalecer. A supressão da paisagem por um corpo espacial, só carne e osso e sem pele que o proteja em seu arranjo, é o que para Brunhes parece estar acontecendo, deixando a relação geográfica à deriva e sem freio.

Tricart é o principal continuador desse vaticínio de Brunhes, e, na linha do mestre, busca articular paisagem, técnica e espaço. A paisagem é resgatada como instância unitária, integralizante e reguladora; o espaço é concebido como o arranjo político-técnico que conduz os termos de função concretos daquela. O todo é o modo de produção, mas estruturalmente informado numa relação metabólica em que a dialética histórica do homem se casa com uma dialética espacioestrutural da natureza.

Tricart vem da mesma tradição morfológica de Sauer, e, como este, compartilha do conceito de paisagem da geografia clássica alemã, no modo como Schlüter, Passarge e Troll a concebem. O ponto de referência para ele é a fitoestasia, a relação de regulação de equilíbrio que a cobertura vegetal exerce para cima e para baixo no jogo das contradições que lavram por dentro dos ecossistemas – todas contradições tendenciais. Para baixo, a vegetação fornece ao tempo que regula os elementos da formação dos solos, seja por suas relações com os climas sobrejacentes, seja com os estratos geológicos subjacentes. Retirada a vegetação, essa proteção é extinta e os solos ficam vulneráveis e são arrastados pela erosão. No primeiro momento, a dialética morfogênese-pedogênese permanece potencializada, predominando a ação da pedogênese; no segundo, é ativada e se torna ato, predominando a ação da morfogênese. Toda uma cartografia de mapas de instabilidade e potencialidade ambiental brota dessa dialética. Assim, a presença da cobertura vegetal inibe a morfogênese e estimula a pedogênese; se ocorre o contrário, sua ausência ativa a morfogênese e impede a pedogênese. A cobertura vegetal age, entretanto, também para o andar de cima, regulando dessa vez o quadro das relações da biocenose. Sua ação se faz aqui primeiramente na própria reprodução da vida vegetal; a seguir, na reprodução das relações planta-animal que são o ponto inicial da cadeia trófica, e, por fim, na reprodução da relação flora-fauna-homens, quando tendencialmente se instala uma contradição de relações e usos. Situadas na posição intermediária entre o biótopo e a biocenose – numa leitura parecida com a que Milton Santos faz para o espaço na relação de intermediação da natureza e da sociedade –, a presença e a reprodução da cobertura vegetal tornam-se, assim, o ponto de referência da reprodução e do equilíbrio de todo o conjunto do ecossistema, fato já notado pelas comunidades antigas em suas intervenções técnicas sobre o meio, usando a paisagem botânica como fator de indicação e escolha das modalidades e formas de uso dos saberes técnicos, e mais notado agora quando a devastação mundial do meio ambiente evidencia os efeitos da construção dos espaços por mecanismos e benfeitorias de natureza puramente técnica.

Num quadro de analogia estrutural e processual de enorme semelhança, a teoria da regulação de Tricart em muito se aproxima do holismo de Humboldt, de resto perseguido por ele desde o começo de sua carreira, buscando atualizar a sua visão integrada à base da relação paisagem-espaço, com valor de teoria geográfica válido para qualquer contexto e forma de paradigma de técnica. Embora partindo e se movendo no sentido de referenciar esse holismo no mecanismo de base da relação morfogênese-pedogênese, daí evoluindo em escala progressiva no rumo das relações da biocenose, já supondo resolvida a relação biótopo-biocenose, até culminar na escala do modo de produção e formação social existente, de modo a inverter o sinal do olhar da interação, vendo-a na forma de sociedade presente, mas com a sabedoria de já conhecer a natureza dos andares de baixo, conferindo à fitoestasia a palavra de regulação final, seja no ambiente rural, seja no ambiente urbano, Tricart procura fazer com a fitoestasia o mesmo que Humboldt fez com a geografia das plantas, na sua concepção dinâmica da superfície terrestre como a morada do homem. A analogia não é mera semelhança. Humboldt é a origem do método morfológico em Geografia e a origem do discurso ambiental de hoje.

A incorporação da componente e das formas consorciadas de uso do solo leva, porém, a teoria de Tricart para além da analogia com Humboldt. Sua teoria de regulação fitoestásica, apoiada na trilogia paisagem-técnica-espaço, aproxima-o das teorias de relação paisagem-técnica-espaço de Brunhes, paisagem-técnica-ecologia de Sorre, técnica-espaço de George e Milton Santos, e deixa-o a um passo da teoria de processo-forma de Harvey e de diferenciação-equalização de Smith, além de dar um reforço de integralidade ecossistêmica à teoria ecológico-territorial de Quaini. Na similitude com Quaini, Tricart beira a denúncia da técnica como paradigma de ciência-representaçãoideologia do capitalismo moderno, numa crítica da racionalidade que lembra o conceito de representação de Lefebvre, vendo nesse formato da técnica a raiz de sua relação contraditória e uniformizadora diante da multiplicidade dos ecossistemas, advertindo que a diversidade dos ecossistemas é a forma e escala real da superfície terrestre, numa espécie de versão nova da noção corológica dos fundadores, e chamando a atenção para a necessidade de compatibilizar o modelo dos arranjos e o modo de uso do solo entre si e com padrões ecotécnicos pertinentes. Pensando o formato dos arranjos geográficos do espaço como uma relação de múltiplas escalas que inclui desde o nível do biótopo – numa similaridade com a geomorfologia antropológica, vale dizer, não antrópica, de Felds, e o conceito de primeira e segunda natureza de Smith – até o nível institucional e subjetivo da ordem social humana – na qual cada ponto local é um dado posicional no tabuleiro de xadrez da organização espacial da sociedade –, como num empréstimo do conceito de espaço relacional de Harvey, Tricart adverte para a necessidade de tudo considerar-se à luz da totalidade.

Mas a totalidade é a determinação, diz Milton Santos, dando inteira razão, mas numa outra linha, a seu mestre Tricart. A forma, diz, é o modo de ser particular da totalidade, e o processo o exercício da função da forma, numa explícita corroboração à teoria de Harvey. Daí que o espaço é uma instância, um determinado que é determinante. Pensar a particularidade e o todo, o espaço como forma particular da totalidade e o espaço como a própria totalidade se exprimindo por outra forma é o que propõe. Para isso, é preciso pensar espaço e tempo juntos, o espaço como forma material do tempo e o tempo como o real que se realiza pelo espaço, dando ao espaço um sentido de história.

Milton Santos reafirma o espaço como ponto discursivo central e comum à renovação, seja a dos anos 1950, seja a dos anos 1970, e principalmente a tese que o vê como um produto, embora não contemporaneamente, do processo da história. Recrimina o caráter equivocado e empobrecedor das teses possibilistas-deterministas de Febvre, e condena as analogias que os teóricos da *new geography* vão buscar nas ciências da natureza para referenciar análises em Geografia.

A totalidade histórico-concreta é para ele a formação social, um todo diferente da sociedade, porque é a formação social que, por conta da presença do espaço, faz da sociedade um real-concreto, e o faz justamente porque a define por um recorte e uma problemática espacial, distinguindo e identificando uma sociedade da outra, no passado e na mesma contemporaneidade da história, por seu lugar espacial na superfície terrestre – o que para Milton Santos faz da sociedade uma formação socioespacial. O espaço é, por isso, a um só tempo um modo de ser da totalidade e uma instância, o todo e a parte que exprime o todo, ao mesmo tempo, ao lado de outras tantas como as instâncias econômica, política, jurídica, cultural, representacional e ideológica, cada uma delas sendo o todo ao seu modo, num formato específico. E nessa qualidade expressa a totalidade no curso da dialética em que organiza as demais instâncias e ao mesmo tempo é organizado por elas, realizando sua sobredeterminação na medida dessa reciprocidade de realizações, num jogo de múltiplas determinações, como no conceito do concreto de Marx.

Por outro lado, sendo a totalidade o ser que comanda o processo inter-relacional das instâncias, sob os olhos da Geografia por intermédio do espaço, são as decisões da política que, mesmo quando a economia é a essência, dão a direção do movimento do todo, aqui a política definindo as prioridades e ali escolhendo as decisões, usando e definindo dentre as potencialidades do espaço o ponto do arranjo certo para construir-se como formação social real. Daí o papel que Milton Santos confere ao Estado, a instância estrutural-estruturante que melhor coincide com a própria escala global da totalidade.

Tuan corre em linhas paralelas no tema das determinações geográficas. Partindo do exemplo de Milton Santos, comparativamente, se para este a totalidade é a determinação, para aquele a determinação é o corpo. Para Milton Santos tudo vem da totalidade; para Tuan tudo vem do corpo. O referente continua sendo o espaço, mas porque experiência do corpo. É o corpo que traça nossas relações espaciais, e sendo ele o referente do espaço, a experienciação corpórea pode ser definida como um ato individualizado de cada pessoa. É a pessoa quem vive a experiência corpórea. Por isso, a determinação nunca vem de um universal para o corporal. Ao contrário, é a perspectiva da percepção que dá a medida da determinação do universal; e a sensibilidade corpórea, a instância de regulação da nossa relação ambiental.

Espaço e paisagem assim se confundem em Tuan. A paisagem é o espaço percebido, a experiência do vivido expressa na linguagem dos seus traços simbólico-topológicos. O ponto de partida é o imediato vivido, o extenso estendido do imediato para o horizonte da imaginação. Não deixa de haver uma similitude no conceito de regulação e determinação de Tuan e Sauer. Tal como em Sauer, em Tuan não é o conceito ou qualquer rigor de processo lógico, abstrato e prévio, mas a evidência da situação real, pela sua significação e num ato de escolha do ângulo de percepção pelo observador. Não há coincidência: Tuan e Sauer partem de fronteiras filosóficas parecidas.

Lacoste não deixa de seguir essa vereda. Nele, a subjetividade também é a fonte da determinação, mas numa outra ótica de referência. São os níveis de análise, de representação e de conceitualização que seu conceito de espacialidade diferencial propõe, põe no olhar, qual num jogo de caleidoscópio, a referência do real que se alcança. A paisagem depende do mirante. A cada troca de perspectiva – Tuan opera com a perspectiva da experiência –, o olhar vê o mesmo real sob uma forma de paisagem diferente.

Todavia, trata-se em Lacoste de uma questão de escala. O real é um feixe infinito de relações, das quais o olhar só capta – assim como na perspectiva do lugar de Tuan e da situação real de Sauer – as que se apresentam ao patamar do mirante. E a linguagem da expressão paisagística – seu nível de representação e conceitualização – é a dos signos do visual permitido. Daí que dela fale, seja o indivíduo-pessoa, seja o coletivo. Essa dimensão plural, a mais das vezes de um real em migalhas, com que se vive e convive dentro da experiência da espacialidade diferencial moderna, é a sua principal característica. A depender da perspectiva locacional e social de classe.

As linhas de força da renovação

A ideia da regulação, seja a coesão pela paisagem, seja a reprodução pelo espaço, é a resposta que dá a geografia clássica, e que as ondas de renovação reiteram, ao problema da determinação geográfica.

A regulação, entretanto, traz um outro problema: regulação é algo que vem de fora. Um tema que aflora com a proeminência do espaço, uma determinação que, à diferença da paisagem do conceito das antigas comunidades, não tem imanência, natureza, homens, objetos, sociedade etc. – não sendo espaço, estão no espaço.

Seria o espaço em si mesmo "um de fora", ou assim foi tornado pelo capitalismo, como quer Quaini? Ou seria uma invenção da técnica, em todo caso, mais aflorada na história com o advento do modo de produção capitalista, como o querem de Reclus, Brunhes, Sorre e George a Milton Santos?

O espaço, antes de tudo, é uma determinação do real porque da história, já observara Reclus. Porque é a forma como na concretude do real do mundo o tempo existe, diz Milton Santos. Porque sem ele as sociedades, sejam as pré-capitalistas, sejam as capitalistas, não se organizam, assevera George. E porque geografia sempre foi espaço, seja na forma explícita da contemporaneidade, seja na forma oculta por baixo da paisagem nas comunidades antigas. A questão, assim, seria entender a razão pela qual, ao emergir a contemporaneidade, o espaço vira "um de fora" e, nessa qualidade, suprime a paisagem e se impõe como a determinação externa na história.

Quaini data essa emergência da acumulação primitiva. Cremos que se pode ver uma coincidência de tempo na emergência do valor-de-troca e do trabalho abstrato, todos, a exemplo do espaço, espaços abstratos e filhos da acumulação primitiva. E se pode tomar a abstratividade como a resposta mais plausível (Moreira, 2008) – vamos seguir essa pista.

No nosso conceito habitual o espaço é uma exterioridade dos objetos. As coisas estão, mas nunca são espaço. Vidal percebe uma situação que se assemelha ao que é a mentalização que hoje temos da paisagem, concebida, ao contrário de como era nas comunidades antigas, e reproduz como discurso, como uma camada que recobre, pondo-se por cima e de fora, as camadas do solo. Uma cultura do "de dentro" e do "de fora" parece ter surgido, assim, na modernidade, já mencionada por Smith quanto à natureza, e que vamos imputar ao nascimento do cartesianismo, uma filosofia centrada na dicotomia do sujeito e do objeto.

O "de dentro" e o "de fora" e a dialética da regulação

No século XVI-XVII Descartes está diante da tarefa de epistemologicamente legitimar e metodologicamente armar de argumentos a ciência que está nascendo. Mas seus parâmetros haviam sido anunciados por Francis Bacon (1561-1626). O verdadeiro conhecimento, diz, é aquele que vem da experiência sensível. Esta, todavia, é fonte de um conhecimento caracterizado pelo imediato e o impreciso, devendo-se resolver esses limites com o uso da razão matemática, uma forma de conhecimento universal e rigorosamente precisa. Mas para isso se deve juntar a precisão matemática e a verdade sensível por intermédio dos aparelhos de medição, substituindo a sensibilidade corpórea pela do aparelho mecânico. Galileu Galilei (1564-1642) deu azo aos preceitos de Bacon, aplicando-os experimentalmente e fundando a forma moderna de ciência. Porém, como legitimá-la no plano mais alto do pensamento? E como sistematizá-la como método? Essas são as tarefas de René Descartes (1596-1650). Trata-se, para Descartes, de romper simultaneamente com a verdade da Bíblia e do silogismo aristotélico para assegurar um verdadeiro método científico de conhecimento, e validar o experimental-sensível e a indução-dedução matemática como verdade científica. Vimos que esse paradigma de ciência e de fazer ciência é justamente o que Schaefer, séculos depois, está cobrando à Geografia.

O procedimento de Descartes é o processo da dúvida que leva ao inquestionável e irredutível, o cogito cartesiano, como é conhecido. Descartes distingue a *res cogitans*, o sujeito pensante, e a *res extensa*, o objeto do conhecimento, legitimando o segundo e todo atributo que lhe é próprio, da coisa sensível à estrutura matemática, pelo primeiro, mas dicotomizando-os como um "de dentro" e um "de fora". A superposição deste seu duplo ao duplo galileano dos fenômenos de qualidade primária, os de essencialidade matemática, e fenômenos de qualidade secundária, os não-matemáticos, foi suficiente para lançar os fundamentos da atual diferença qualitativa da natureza e do homem, alinhando a natureza com o objeto, o matemático e o "de fora"; e o homem com o sujeito, o não-matemático e o "de dentro". Por tabela, também o espaço e o homem (e todos os fenômenos empíricos) como "de fora" um do outro, reciprocamente.

Toda tradição filosófica posterior foi uma tentativa de resolver essa estrutura do "de dentro" e do "de fora" de Descartes, que primeiro virou um problema da filosofia, mas depois um problema da ciência quando esta passou a também ter de explicar o homem (o homem empírico).

O primeiro desses filósofos foi Immannuel Kant (1724-1804). A Kant coube destrinchar no século XVIII três problemas: a divisão que se deu dentro da filosofia entre racionalistas e empiristas, a defasagem de desenvolvimento que se estabeleceu entre a filosofia e a ciência e a dicotomia do "de dentro" e do "de fora" que a relação sujeito-objeto instituiu como relação do homem e natureza/mundo. Kant resolve o primeiro problema combinando sensibilidade e entendimento numa só equação, na qual os dados empíricos da sensibilidade são organizados em conhecimento pelas categorias racionais do entendimento. O espaço e o tempo são, nessa teoria, formas puras de sensibilidade e condição de possibilidade de todo conhecimento que aparecem no momento da percepção – o espaço em termos de contiguidade e o tempo em termos de sucessão. O espaço como uma relação de externalidade e o tempo como uma relação de internalidade. Essa solução da divisão interna é também a que Kant estabelece para a defasagem da evolução respectiva da filosofia e da ciência, produzindo por intermédio do esquema do entendimento um sistema de pensamento – a filosofia crítica – que aparece diante da ciência como uma filosofia da ciência, uma forma de epistemologia mais ampla. A terceira questão, contudo, não lhe foi possível resolver a contento, limitando-se a apontar o caminho.

Kant esquematizara o enfrentamento dos três problemas formulando como filósofo uma pergunta preliminar: é possível produzir-se uma metafísica que seja tão rigorosa em suas estruturas reflexivas como é a ciência nas suas de conhecimento? Para responder a essa pergunta, Kant empreende vasto estudo dos fundamentos da ciência moderna, que divulga na obra *A crítica da razão pura*, de 1781, na qual chega à conclusão da impossibilidade. Para montar seu estudo da ciência, Kant aceita como objeto-limite do conhecimento científico o fenômeno, a coisa empírica, concluindo pela impossibilidade de um ir para além da coisa, rumo à coisa em si, de parte da ciência, justamente o propósito da metafísica, significando não ser a ciência um espelho próprio para o encontro da resposta que persegue. Dado que o âmbito da ciência não contempla a indagação metafísica, Kant busca resposta no campo da ética, concentrando nele seus estudos cujo resultado divulga na *Crítica da razão prática*, de 1788. Kant percebe que a ética é o campo do dever-ser, não do ser, não podendo igualmente contemplá-la. Por isso, recorre, por fim, ao âmbito da estética, o campo do belo e do sublime, aí encontrando a correspondência e a resposta à pergunta que fizera, divulgando o resultado dessas conclusões na *Crítica da faculdade de julgar*, conhecida como a terceira crítica, de 1790, aí fincando as âncoras da metafísica. Todavia, Kant morre em 1804.

O tema vai ser retomado pelos filósofos do Romantismo, J. G. Fichte (1726-1814), F. W. J. Schelling (1775-1854) e G. W. F. Hegel (1770-1831), que o tomam como seu, mas cada qual o resolvendo de um modo distinto. Primeiramente esses filósofos estabelecem o tema nos seus termos, substituindo o sujeito por eu e o objeto por não-eu, direcionando-o para uma linguagem e um patamar mais próprios às suas abordagens. Em segundo lugar, definem ser a busca da identidade do eu e do não-eu a finalidade do andamento. Há, assim, o eu que olha e pensa o mundo, e o não-eu que busca ver-se e a ele numa relação de identidade e correspondência.

Já em Fichte o tema aparece, mas o que ele visa é estabelecer uma relação de identidade entre o povo alemão e a nação alemã numa Alemanha extremamente fragmentada territorialmente e incapaz de pensar e agir como povo e nação. Fichte almeja oferecer os elementos subjetivos de um pensamento nacional pelo qual os alemães vejam povo e nação alemã como uma relação de identidade, não de eu e não-eu separados, e assim uma Alemanha unificada de baixo para cima.

Schelling entende que a dificuldade de Kant residira nos limites do que existia de ciência no seu tempo, restrita à física mecânica de Newton, uma ciência de natureza inorgânica e sem história. As décadas que se lhe seguem, ao contrário, oferecem uma ciência mais desenvolvida e diversificada, a exemplo do desenvolvimento da Química, da Geologia e da Biologia, ciências que alargam o conhecimento para a esfera do orgânico e da vida, incluindo o homem, e ampliam a própria visão do inorgânico. Na Física o conhecimento se estende para os fenômenos da eletricidade e do magnetismo, a caminho da termodinâmica. Na Geologia para a evolução e estrutura do planeta, já se conhecendo suas relações de entranha com o movimento da vida, no aprofundamento de um perfil ainda de uma história natural. Na Química se está para além da fundação inicial de Lavoisier e sua lei da conservação da energia, desvendando-se agora os segredos da estrutura e transformação da matéria. E na Biologia conhece-se a estrutura e desenvolvimento da vida em seus entrelaçamentos com o mundo do inorgânico e as formas e direcionamentos da evolução das espécies. Pode-se, assim, à diferença do que pudera Kant, refletir-se com mais profundidade e alcance sobre a relação do "de dentro" e do "de fora" envolvendo homem e natureza num eu e não-eu.

Assim, ao olhar o mundo que o cerca como não-eu, com apoio na nova ciência, o que primeiro o homem faz, enquanto eu, diz Schelling, é perceber sua diferenciação nas esferas do inorgânico, do orgânico e do próprio humano, notando espelhar-se também de modo diferenciado nessas três esferas. A esfera do inorgânico é um não-eu aparentemente em nada reflexivo, e um eu que, de imediato, nada vê de si em comum com esse não-eu. O deslocamento do olhar para a esfera do orgânico já revela um campo surpreendente de similitude e identidade, a começar do fato de que as plantas e os animais, igualmente ao eu-homem, nascem, crescem, morrem e renascem através de outras plantas, outros animais e outros homens. A esfera do humano é a própria esfera do eu, com a peculiaridade de empiricamente ser uma esfera do não-eu.

Schelling morre em 1854. A teoria da intermediação das plantas na transformação recíproca das três esferas já fora demonstrada por seu amigo Humboldt desde 1806. Os estudos de morfologia de Goethe já haviam mostrado um fundamento ontológico comum ao homem e à natureza enquanto unidade de mundo. E a teoria da evolução por transformação das espécies umas nas outras, posta em livro e aguardando o momento de conjuntura mais propício para publicação, mas sobejamente já divulgada por Darwin na Academia Real de Ciências da Inglaterra, é por fim editada em 1859. A interligação das três esferas pelas leis da evolução, da transformação e da conservação da energia, mostrando metamorfoses que levam o inorgânico a se transformar no orgânico e este, por sua vez, no humano, foi a resposta empírica final da indagação metafísica que filosoficamente Schelling transportou para o plano geral do pensamento com sua filosofia da natureza e da identidade. O "de dentro" e o "de fora", o homem e a natureza, o sujeito e o objeto, o eu e o não-eu praticamente se fundem, na empiria da ciência e na reflexão racional da filosofia.

Hegel pode então dialetizar a relação. Por isso, enquanto Schelling realiza a identidade no plano da correspondência da ciência e da filosofia, Hegel o faz como uma filosofia da consciência, completando a reflexão sobre o "de dentro" e o "de fora", o homem e a natureza, o sujeito e o objeto no sentido de história que faltara. Fazendo-o como um filósofo do idealismo clássico, Hegel parte do primado da ideia. A ideia que, para se ver, necessita assumir a condição do outro, a face material, nesse mister transformando-se e alienando-se na matéria. Daí para diante, a ideia trava uma luta tenaz pela desalienação, um voltar-se a si mesma, numa contradição ideia-matéria que empurra uma e outra numa evolução com o intuito de resolver-se, cujo produto é o nascimento da história, cada momento da evolução só se podendo compreender se visto dentro do seu próprio fluxo, até que, por fim, a ideia se reencontra. Hegel está assim estabelecendo a ideia da filosofia da natureza sob outros termos, vendo-a e lendo-a a partir do que chama de movimento da consciência, num processo de contínuos e sucessivos saltos de qualidade de desenvolvimento que começa na relação de sensibilidade do eu e não-eu no estágio primário da esfera do inorgânico, que Hegel chama de a certeza sensível, uma certeza ingênua, porque ainda alienada, por isso se expressando como sujeito e objeto dicotomizados, e culmina no retorno da ideia à sua forma absoluta, de ideia pura, a relação de autoconsciência do eu-mundo integralmente restabelecido, na qual sujeito e objeto se encontram e se fundem num sujeito-objeto idênticos. Hegel igualmente referenda o entendimento cartesiano do eu como razão, o eu que pensa, substituindo, entretanto, o dualismo cartesiano por um monismo, fundando a ontologia na razão. A razão é para Hegel o ser. E, assim, pensar é ser.

Se o projeto kantiano se resolve na solução dos românticos, em geral inspirados na solução estética da *Crítica da faculdade de julgar*, resolve-se, entretanto, para o eu pensante. Resta resolvê-lo agora para o homem empírico. Essa é a tarefa que se propõe a Karl Marx (1818-1883). E ainda Darwin, Nietzsche e Freud. Um tema que irá acabar por tomar a cara da Sociologia.

O ponto de partida de Marx é Hegel, no sentido de história que este empresta à dialética do eu e não-eu. O homem é história natural e história social, a um só tempo. Como história natural é parte da formação e culminância do desenvolvimento das formas de vida no planeta, situando-se, interatuando e se autoproduzindo numa relação de metabolismo dentro da natureza. Nesse âmbito, intercambia forças e matéria com os outros elementos naturais, transformando-os e transformando-se a si mesmo, num processo de trabalho, e assim, num salto de qualidade, a história natural em história social. Não o faz sozinho, entretanto, mas em cooperação, uns homens interagindo com os outros, no decurso da qual eles vão criando laços de convivência mais permanentes, dos quais vai brotar a sociedade, e, com ela, o salto de qualidade da história vai ganhar uma nova escala. Engels analisa essa sequência de saltos em *O papel do trabalho na transformação do macaco em homem*, de 1876, mostrando os laços de encontro entre o materialismo histórico e o materialismo biológico de Darwin, porém num traço hegeliano e antropológico.

Mas é dos contratualistas de quem Marx vai tirar suas ideias preliminarmente. De resto, são as mesmas fontes de Hegel. É de John Locke (1632-1704) que vem este marcado conceito societário e socioantropológico que emprega na leitura do metabolismo. E de Jean-Jacques Rousseau (1712-1778) o conceito da sociedade centrada na cooperação e nas regras consensuais de convivência. Locke e Rousseau vêm de uma tradição de filósofos sociais, a que se deve acrescentar Thomas Hobbes (1588-1679), para os quais o homem nasce como um ser naturalmente livre e individual, devendo tirar seu sustento da natureza de que faz parte por intermédio do trabalho. Todavia, para Hobbes os homens são também por natureza competitivos e mutuamente hostis, por isso justificando-se haver uma instituição que se lhes imponha, obrigando-os a obedecer regras e normas de convívio, assim nascendo o Estado e a partir deste a sociedade, o Estado antecedendo e criando com suas regras a sociedade. Para Locke, entretanto, os homens nascem como uma folha em branco, não necessariamente competitivos ou cooperativos entre si, tudo resolvendo junto à solução das suas necessidades, que se resolve por meio do trabalho. O trabalho, um ato individual e necessário, é a fonte do que o homem produz e irá acumular como sua propriedade privada, assim nascendo um direito que buscará preservar junto ao reconhecimento do direito igual dos outros, num ato de livre decisão de onde sairão por consenso as regras e normas que regularão a convivência, assim nascendo a sociedade, e, por decisão desta, o governo e o Estado. O Estado nasce como um pacto, os termos dessa decisão pactuada devem ser observados, dando aos indivíduos, seus criadores, o direito de desfazê-lo e recriá-lo, indicando e trocando governos, sempre que as regras societárias forem desrespeitadas. Rousseau entende que os homens nascem bons e solidários e, por isso, vivem em cooperação, distribuindo entre si tarefas numa divisão social de trabalho que a todos beneficie. E nesse mister criam regras e normas de convívio, que se tornam, para todos, os direitos e deveres que devem ser obedecidos. Para a preservação da observância desses preceitos, após criarem a sociedade, os homens criam o Estado. O problema surge com a propriedade privada, instituída por alguém, que, uma vez aceita, acaba por provocar a divisão e desigualdade entre os homens, e que, sendo a fonte dos males, esses mesmos homens devem extinguir, usando até a força, se for necessário.

Não é difícil vermos nos contratualistas muitas das ideias que ganham foro na formação da geografia clássica. Pode-se ver a presença da ideia da antecedência orgânica do Estado no surgimento da sociedade na teoria do espaço de Ratzel, influenciado por Hobbes, mas igualmente a ideia do trabalho e sua inferência do direito à vida no convívio societário dos homens, numa influência direta da teoria de Locke. E é clara a presença das ideias da condição naturalmente individual e livre dos homens que, por si mesmos, decidem pela criação de suas comunidades, mas principalmente dos malefícios da propriedade privada de Rousseau, na teoria geográfica de Reclus.

Marx incorpora o preceito jusnaturalista dessas filosofias sociais, informadas no caso de Locke e de Rousseau nas ideias do liberalismo radical que receberá de Hegel. De Locke retira a ideia de que a relação do homem com a natureza se define no e pelo trabalho, introduzindo-a no âmago do seu conceito metabólico. De Rousseau, particularmente o sentido social da cooperação e a condenação seminal da propriedade privada como origem de todos os problemas vividos pelo homem em sociedade. Mas mantém, com Hegel, o caráter histórico e dialético da relação entre ideia e matéria, invertendo-as e realinhando sua relação recíproca no conceito do ser (a realidade material vista por sua essencialidade histórica) e consciência (a ideia vista como o eu consciente), de onde retira seu conceito da dialética do ser e do objeto, do homem e da natureza, e do "de dentro" e do "de fora" como um *continuum* alternado de interioridade-exterioridade que homem e natureza travam no âmbito do próprio movimento metabólico, no qual o que é o "de dentro" (a interioridade) e que é o "de fora" (a exterioridade) hegelianamente só nesse momento se revela. Isso significa estabelecer que o "de dentro" e o "de fora", o homem e a natureza, o sujeito e o objeto não o são e não têm uma reciprocidade de sobreposição e correspondência em si (o "de dentro", o homem e o sujeito sobrepostos de um lado; e o "de fora", a natureza e o objeto de outro). Tudo se define no movimento da autopoiese, o eu filosófico reciprocamente se desdobrando e se resolvendo no plano histórico-concreto do eu empírico.

Essa evolução de concepções de ontologias que vai de Kant a Marx coincide justamente com o período de formação da geografia moderna, determinando a forma e o conteúdo da geografia dos fundadores. E dando-lhe o seu caráter holista. É, entretanto, um holismo de cunho romântico, em que o "de fora" e o "de dentro" não se dissociam, mas também não se explicitam por conta da falta de explicitação do homem empírico. O homem é no Romantismo um ser integrado com a natureza, mas um ente que não aparece como sujeito. Ademais, Humboldt e Ritter já diferem quanto aos termos da relação paisagem-espaço. O holismo de Humboldt, inspirado na morfologia de Goethe, referencia-se na paisagem, seu papel genético e integrador. O holismo de Ritter, inspirado no teísmo de Schelling e na visão escalar de espaço de Pestalozzi, referencia-se no espaço, seu papel ordenador da superfície através do mosaico das individualidades regionais. A ambiguidade de Sauer, importada do modo como a geografia alemã incorpora os parâmetros de Humboldt e Ritter, tem aqui sua origem.

O "de dentro" e o "de fora" e o problema da determinação

A ideia da determinação do espaço cresce a partir desse período. E surge como uma teoria que tem, de um lado, a aceleração e o desenvolvimento industrial e dos meios de transferência da segunda fase de industrialização, e, de outro, a fragmentação da divisão da ciência que reproduz a divisão técnica do trabalho dessa fase industrial como parâmetros. A economia capitalista se mundializa e a divisão territorial do trabalho que a acompanha avança sobre as paisagens, transformando-as em espaços técnica e socialmente organizados.

A geografia dos fundadores dá lugar à geografia clássica precisamente nesse momento de passagem da determinação geográfica da paisagem para o espaço, e Humboldt e Ritter, demonstrando uma compreensão pouco clara dos acontecimentos, acabam por assimilar e transmitir o parâmetro da forma geográfica de regulação da realidade que descrevem – coesão ou reprodução – de modo ambíguo, passando-o como herança.

O modo tímido e ingênuo como se comporta diante do conflito de habilitações que essa nova realidade provoca entre os saberes acadêmicos ao redor da competência, para dar conta das determinações que poderíamos dizer geográficas sobre a dinâmica da história e das sociedades, empurra a geografia vidaliana para o empirismo. E a afasta da teoria no momento em que o valor-de-troca avança sobre as paisagens e impacta as áreas acadêmicas ao redor das determinações do espaço sobre a natureza, o homem, o tempo e a sociedade moderna. Filhos de uma história atapetada de hiatos, os teóricos dos anos 1970 tateiam aqui e ali no enfrentamento da herança que carregam como bagagem. E veem-se obrigados a mergulhar num universo epistêmico que a tradição geográfica sempre desprezara. Por isso, em geral avançam na forma de teses, como Smith sobre o efeito do valor-de-troca, e Quaini, da acumulação primitiva, sobre a emergência da determinação moderna do espaço, aqui e ali resvalando no seu sentido heurístico.

É Smith quem, na esteira de Marx, aponta a determinação do valor-de-troca sobre a organização geográfica da sociedade como a fonte da externalização do espaço, via universalização do espaço relativo sobre os lugares concretos do espaço absoluto. Marx havia mostrado que o valor-de-troca é um ardil de interioridade do trabalho abstrato no valor-de-uso que se faz externalidade para se formalizar como conteúdo universal de toda forma de particularidade. Dito de outro modo, é uma forma-valor que, por abstratividade de dois ou mais valores-de-uso postos em confronto no mercado, se faz um terceiro englobante e universal. Esclareçamos.

O conteúdo do valor-de-troca é o trabalho abstrato, em si mesmo uma abstratividade dos trabalhos concretos que estão na origem dos valores-de-uso. E é esse trabalho abstrato que, ao se expressar em quantidade de tempo médio socialmente necessário de trabalho à produção de valor-de-uso, serve de referência de valor equivalente no momento de troca. Daí seu caráter de universalidade perante o valor-de-uso, de um supravalor que contém em si todos os valores-de-uso de uma só vez, seja o ponto do espaço absoluto onde estes forem produzidos. O que significa uma descolagem da individualidade empírica do valor-de-uso, guardando apenas o que este tem de essência, sua origem no trabalho concreto, extrapolando essa relação de interioridade para externalizar-se como um supravalor e governar a diversidade do real-empírico a partir de fora. É essa dialética de interioridade-exterioridade que Smith está vendo na relação que se estabelece no movimento da reprodução entre o espaço absoluto, o campo empírico dos locais de produção dos valores-de-uso e o espaço relativo, para assim flagrar o modo como o valor-de-troca usa o espaço para o fim de realizar-se no lucro, na forma do dinheiro, e, desse modo, caracterizar o ciclo D-M-D' [D=dinheiro, M=mercadoria e D'=dinheiro+valia] como a fórmula geral do espaço do capital.

É precisamente essa descolagem que o valor-de-troca faz com o valor-de-uso, mas agora em relação ao corpo, que ele também faz com o espaço, dando origem à forma abstrato-geral. Trata-se de um espaço que se desloca para fora dos corpos empíricos da superfície terrestre para a eles sobrepor-se como um geral-abstrato que os regula em seus movimentos. Daí a tentativa da geografia clássica alemã de recriar a noção da paisagem no campo abstrato do conceito; e a de Sauer, de ressignificá-la indo para o campo da geografia cultural; e a de Brunhes e George, de fazê-lo na noção do arranjo do espaço enquanto a dimensão do espaço mais próxima da ideia da paisagem. A renovação dos anos 1970 tem recursos equivalentes: Milton Santos na instância e na totalidade, Harvey no espaço relacional, Smith na duplicidade do espaço, Tuan na semiologia do espaço e Lacoste na escala diferencial. George foi aquele que mais intuiu, junto a Brunhes, o problema da descolagem abstrata do espaço em sua relação de interioridade-exterioridade com a paisagem, seja com o conceito de arranjo, seja do duplo visível-invisível do espaço.

Toda uma ambígua relação do "de dentro" e do "de fora" domina, assim, a literatura geográfica desde os clássicos, intuitiva nestes, abandonada nos renovadores dos anos 1950 – Christofoletti diz destes que suas primeiras vítimas foram a paisagem e o mapa (Christofoletti, 1985) –, mais consciente nos renovadores dos anos 1970 e ausente significativamente nos geógrafos fundadores.

Sorre é talvez o mais ilustrativo entre os primeiros. Nitidamente ele formula seu entendimento da determinação geográfica na perspectiva do "de dentro" e do "de fora", talvez por ter como referência o gênero de vida. Seja como for, é uma característica de sua teoria da complexidade. Antes da revolução industrial, nota, a técnica é um fato interno da cultura do gênero de vida, vindo geneticamente das relações locais do homem e da natureza e voltando para elas para dar-lhes movimento, suporte e equilíbrio orgânico. Os hábitos e costumes em seus ritos da natureza se coadunam com o saber técnico e com ele comungam da tarefa da organização e conferição de permanência ao todo do gênero. O quadro relacional inverte-se posteriormente. A técnica em geral torna-se um ente vindo de fora para agir no local, infundindo-lhe uma paisagem derivada, vinculada com a técnica e desvinculada da ecologia. Técnica e natureza local perdem a analogia de antes, num "de dentro" e "de fora" desencontrados, conflito este que a teoria da complexidade tenta resolver. Sabemos que cada complexo da teia geral que faz do ecúmeno um complexo de complexos se inspira no modelo da teoria da civilização-cultura-gênero de vida de Vidal. De fato, o forte da descrição e análise de *Fundamentos* se concentra nas páginas que se referem às antigas comunidades; a vitalidade e a consistência da teoria de Sorre cai em qualidade naquelas referentes às sociedades capitalistas modernas, particularmente em suas análises do complexo industrial e do complexo urbano e respectivas formas de sociabilidade; e a dificuldade aparece de modo mais claro no retrato comparado do campo e da cidade, compreendidos por Sorre como duas diferentes formas de gênero de vida.

Em Tricart, o "de dentro" e o "de fora" expressam sua relação dialética de maneira mais clara, uma vez que ele faz numa espécie de contrapelo dentro da própria renovação, combinando paisagem, técnica e espaço, às vezes aos pares, em que ora prevalece o par técnica-paisagem, ora o par técnica-espaço e, mesmo havendo momentos do par paisagem-espaço, às vezes reunindo o todo. A paisagem, que ele às vezes confunde com o arranjo do espaço, em particular quando opera com a escala, sempre serve de referência. Talvez porque, sendo em sua origem geomorfólogo da escola da morfologia climática, Tricart nunca se descola do empírico da superfície terrestre, mesmo quando a referência é o espaço. Nele a paisagem recupera o conceito de estrutura que unifica, integraliza e regula o todo na forma da fitoestasia, mas mesmo assim não recupera o caráter genético dos antigos gêneros de vida. Por isso certamente a fitoestasia age como um "de dentro" e um "de fora", quase nos termos de um estruturalista.

Já Quaini, Harvey e Smith se filiam ao efeito estrutural do "de dentro" e "de fora" do valor-de-troca. E dessa forma o levam ao campo das determinações. É na dialética do "de dentro" e do "de fora" metabólico da economia política do espaço que assentam suas análises. Para Quaini e Smith, a forma como o espaço se apresenta e o modo como se vincula ao metabolismo do homem e da natureza se devem à passagem de uma sociedade de estrutura com centro no valor-de-uso para outra com centro no valor-de-troca, separados, para Quaini, pelo marco histórico da acumulação primitiva. Isso significa para eles a substituição na história de uma estrutura social e ambientalmente coesionada em seu interior por um centro posto em si mesmo para uma outra em que a regulação tem origem externa e é realizada de fora para dentro.

Mas é Quaini quem aponta para o seu sentido ontológico: o "de dentro" e o "de fora" são a expressão da dialética da liberdade e necessidade. O homem é um ser com os pés assentados na história social e na história natural. Por conta da história natural é um ser da necessidade. Por conta da história social é um ser da liberdade. A história humana é a história do salto do reino da necessidade para o reino da liberdade. É a essa dialética que Marx se refere quando fala do salto metabólico da história natural à história social, que aparece nos discursos da renovação sob várias formas: as três naturezas (primeira, segunda e terceira) que viram os três espaços (absoluto, relativo e relacional), de Smith; a sociedade e o espaço que se resolvem e se sobredeterminam reciprocamente, de Milton Santos; e a interioridade e a exterioridade que se alternam no movimento da relação sujeito-objeto do próprio Quaini.

A crítica da crítica: pensando o novo na renovação

Ensinam os clássicos que o tema da Geografia é o modo como a relação do espaço materializa, organiza e regula a relação metabólica do homem e da natureza. Há um eixo sociedade-natureza e um eixo sociedade-espaço em que aquele é a essência e este é a existência, numa respectiva relação de ontológico e ôntico. Ou, dito de outro modo, o tema é a relação de interação entre os eixos sociedade-natureza e sociedade-espaço em que o primeiro é a essencialidade e o segundo a sua forma de determinação geográfica. De certo modo, a renovação dos anos 1970 confirma e reitera essa teoria dos clássicos, explicitando-a como um discurso de relação entre o espaço e o metabolismo da relação homem e natureza e concluindo, com eles, que pensar geograficamente é pensar as relações (todas as relações) pelos arranjos do espaço.

A noção do metabolismo do homem e da natureza como essência e conteúdo da relação do espaço é nova. Sob essa forma, a renovação clareia o sentido da velha relação do homem e do meio como um metabolismo e plano da essência, funda os termos de uma nova ontologia, clareia o sentido do espaço como o real histórico-concreto que vem com a cara renovada da regulação e funda aqui os termos de um novo ôntico. A teoria geral da Geografia é, assim, aquela que evidencia o mundo do homem como a sua geograficidade, no sentido da existência, não da abrangência de ramos temáticos de Lacoste, qual seja aquela que expõe na transparência da clareza cartográfica o modo como a essência metabólica se concretiza em existência por meio da forma do espaço.

O espaço é, assim, a categoria geográfica por excelência, mas o seu projeto é algo que, para existir, tem que ser e estar como espaço. A relação metabólica, pois. Não o si mesmo. O espaço é o meio e a forma de concretude, condição do ser. Dar uma explicação geográfica é dizer como a essência metabólica se determina e se resolve como espaço – daí dizermos uma relação espacial – e, por meio dele, o homem se dialetiza na história como um "de dentro" e um "de fora".

O sujeito e o objeto são, assim, o ângulo epistemológico desse enfoque. O sujeito é a consciência se olhando no objeto; o objeto é consequência da presença do homem no mundo. O par é a dialética do "de dentro" e o "de fora" da relação metabólica, o "de dentro" e o "de fora" que só no movimento recíproco de intercambiamento de interioridade-exterioridade existem, se põem e se clarificam. Enquanto o que a ação metabólica movimenta e transforma em história espacializada é natureza, o homem é objeto. Quando vira natureza o que conduz a ação metabólica e, "de dentro", transforma o todo, transformando-se a si mesmo, é sujeito. De modo que contrariamente ao conceito cartesiano, é objeto quando é um "de dentro" e é sujeito quando é um "de fora". Um preceito válido para o homem, para a natureza, para a paisagem e para o espaço.

Este é o sentido da crítica de Marx ao conceito de percepção de Feuerbach, válido para uma reflexão sobre o conceito de Tuan. Tanto a percepção quanto a paisagem que percepciona são um histórico-produzido, não um já dado. E é isso o espaço diante da paisagem. Há um caráter de dialeticidade que impele sujeito e objeto a migrarem do polo e se entreolharem como um "de dentro" e um "de fora", que se trocam como interioridade e exterioridade, na relação um com o outro. E só o movimento da consciência clarifica quando o "de dentro" é o "de fora" e o "de fora" é o "de dentro", o mesmo valendo para o homem e a natureza, o sujeito e o objeto, reciprocamente.

Daí a especificidade da episteme e do problema da determinação em Geografia, e a frequente confusão que fazemos. Sauer reclama de os geomorfólogos frequentemente fazerem mais Geologia que Geografia, confundindo o método morfológico como um método morfogenético. O mesmo talvez hoje dissesse do geógrafo urbano perante a

Sociologia, do geógrafo agrário perante a Agronomia e do geógrafo cultural perante a Estética e a Antropologia. Permanece em todos a dúvida quanto ao modo como a Geografia procede. Se o projeto de toda ciência é por o mundo diante do homem, abrindo-lhe o mundo e o si mesmo pelo conhecimento, de que modo a Geografia realiza esse acesso?

Atropelada igualmente pela questão do sujeito, em sua dificuldade de clarear em Geografia quando é o "de dentro" ou o "de fora" que se anuncia e aflora, a virtude da renovação dos anos 1970 consiste em prosseguir e manter a riqueza da diversidade de matrizes teóricas dos clássicos. Mesmo que parta do marxismo como referência geral, o modo de realizar-se é a pluralidade. Por mais que partilhem do marxismo como princípio comum, é diferente a equação teórica encontrada por Smith e Quaini, para tomarmos um exemplo de referência marxista, do mesmo modo como fora com Vidal e Sorre, em sua relação com o pensamento positivista de Durkheim. À diferença da renovação dos anos 1950, apoiada no pensamento neopositivista e no formalismo geométrico que abandona por completo as referências passadas para ir se apoiar nas teorias locacionais, geralmente de origem entre os economistas espaciais, a renovação dos anos 1970 busca recuperar os clássicos, embora não regresse, infelizmente, aos fundadores, trazendo o velho para a linguagem e a abordagem do novo. Há, assim, forte ligação da geografia dos anos 1970 com a geografia clássica: a perspectiva social de Milton Santos está em linha de relação direta com George e Reclus; a perspectiva ambiental de Tricart de um lado com Sorre e Brunhes e de outro com a geomorfologia climática e a geografia da paisagem alemãs; a perspectiva territorial de Quaini com Sauer, Brunhes e Ratzel; e a perspectiva do arranjo espacial de Harvey, Smith, Tuan e Lacoste com George e Brunhes. Podem-se pensar várias outras combinações e linhagens.

O fato é que, acossada pela crítica, a geografia clássica foi em busca de uma saída e foi encontrá-la na ideia da regulação, escolhendo por veículo aqui a paisagem e acolá o espaço, e nela apoia seu perfil teórico unitário e sua ótica de explicação científica do real. Também aqui a renovação a segue de perto, embora centre sua referência quase essencialmente no espaço e na reprodução espacial. Com exceção de Quaini, para quem pesa a presença histórica da acumulação primitiva do capital sobre a determinação do espaço, para os demais, indo na linha de George, a presença do espaço e sua preponderância na constituição da forma de organização geográfica das sociedades modernas se deve à forte interferência da técnica que vem com o desenvolvimento e mundialização do capitalismo, subalternizando o peso da natureza, dissolvendo a paisagem a ela associada e substituindo-a pelo espaço construído como chave da regulação geográfica.

O espaço aparece na renovação então como um histórico-produzido. Um produzido que é a condição de reprodução das relações de produção e das relações superestruturais da sociedade capitalista, orientando a reprodução e garantindo a perpetuação da totalidade da formação social capitalista num moto contínuo. A dupla condição de produzido e de reprodutor das relações totais da nova concepção são as características que distinguem o conceito de espaço de antes e de depois, formando a linhagem que faz da renovação, a um só tempo, dialeticamente continuidade e ruptura perante a geografia clássica. Assim, muda, por tabela, a própria forma de encarar a Geografia.

No epicentro dessa mudança de concepção está a visão do espaço e do tempo combinados como forma real do movimento. De resto, uma visão que, desde a relatividade de Einstein, de onde Lacoste vai tirar seu conceito de espacialidade diferencial, se torna a concepção de movimento dominante no próprio universo geral do pensamento científico e filosófico. A mudança de foco que aqui ocorre é essencial. Na concepção clássica o espaço é entendido como chão de ocorrência da história, seja da sociedade, seja da natureza, um elemento de distribuição dos fatos na superfície terrestre que distingue as nações e eventos pela sua localização, mas não participa da história senão como suporte. O tempo é uma categoria da sucessão, nações e eventos se distinguindo pela sua inserção no fluxo da linha do passado-presente-futuro. O tempo é, assim, uma determinação do ser – estar e ser no tempo – e o espaço uma determinação do estar – estar e não ser no espaço – e são dois entes dissociados. Daí a externalidade do espaço, contrariamente à internalidade do tempo. O evento *está* no espaço, no sentido de ocorrer, localizar-se e distribuir-se na superfície terrestre, mas *não é* espaço. Aloja o ente, mas não é de natureza ôntica. É uma condição de possibilidade do ontológico, mas não é de natureza ontológica, até porque o espaço, ele mesmo, não é um ente. Essa é, contraditoriamente, a ontologia do espaço, o seu modo de ser, da geografia clássica. A renovação troca esses sinais, justamente. Antes de tudo, o espaço é um histórico-produzido. Assim, é tempo. Não o tempo-data, mas o tempo estrutura, tempo concreto e concretizado. O conteúdo do tempo é o conteúdo do espaço, e vice-versa. O que ôntico e ontologicamente é um, é o outro. Ambos estão e são. Quando um povo ocupa o espaço, não o faz num sentido de puro povoamento, mas no de construir-se como história. Ratzel deixara-o claro, só não o percebeu o nosso preconceito febvriano. Uma vez que é o tempo em sua dimensão do concreto – o tempo só existe *como* espaço –, o espaço é onticidade e ontologia, estar e ser num mesmo passo e compasso, dialeticamente.

Não obstante, embora assim pensem, não é assim propriamente que o empregam as teorias novas. Aos renovadores preocupa a dimensão essencialmente epistemológica da teoria geográfica, acossados que continuam pelo açoite da velha crítica. Bloqueia-os, ao mesmo tempo, o ardil da abstratividade. Faltou-lhes quebrar a racionalidade desse ardil no seu próprio campo.

É, pois, momento chave da renovação a descoberta elucidativa de Quaini: em matéria de realidade moderna, nada se pode explicar fora dos efeitos da acumulação primitiva (não por acaso, ela é a base essencial da crítica do capitalismo de Marx): a abstratividade do espaço, a dissolução prático-intelectual da paisagem, a dissociação do sujeito e do objeto, a dicotomização do "de dentro" e do "de fora", a preponderância da destruição sobre a construção do espaço, o desequilíbrio ecológico-territorial, o espaço em migalhas e a desigual repartição das acessibilidades urbanas são alguns entre os tantos temas que aqui e ali vão aparecendo nas teorias do novo, todos eles emanados da hegemonia do valor-de-troca sobre o real na sociedade moderna, derivada da acumulação primitiva, tal qual foi anunciada por Quaini.

Marx entende por acumulação primitiva o processo histórico que separa o produtor dos meios de produção e, com isso, desfaz toda a estrutura de sociedade segundo a qual homens e mulheres viviam secularmente, e, no seu lugar, põe uma outra integralmente construída nessa dissociação e na divisão social entre donos e não-donos de produção que ela origina (Marx, 1968). O pressuposto é uma volumosa acumulação prévia de riqueza monetária em poucas mãos, parte provinda dos metais expropriados no evento das Cruzadas, parte da política colonial do metalismo e parte dos lucros do próprio comércio que alimenta a acumulação mercantil, que ao lado de fomentar se vale das condições novas criadas por quebra estrutural das comunidades do pré-capitalismo (Conte, 1979). A base da produção é, nessa época, a economia autônoma familiar, um modo de produção mercantil simples no qual produção e consumo, agricultura e indústria e campo e cidade formam uma só unidade integral; as sobras, e somente as sobras, sendo levadas ao mercado para um intercâmbio do tipo M-D-M.

O processo da acumulação primitiva começa precisamente pela separação estrutural dessas partes pelo capital mercantil, arrumando-as numa divisão territorial do trabalho e das trocas com o mercado no centro e o intercâmbio mercantil de entremeio. O caráter autônomo dessa economia integral familiar se deve precisamente devotar-se à produção de valores-de-uso para a subsistência, parte da produção indo pagar a renda fundiária (estamos nos referindo à Idade Média europeia) e parte ficando para o sustento da família do camponês-artesão, daí saindo as sobras que irão ao intercâmbio. Temos aí o clássico quadro de espacialidade diferencial da aldeia descrita por Lacoste. A ruína da nobreza envolvida nas Cruzadas e a instituição da renda-em-dinheiro iniciando o desmonte do corpo da sociedade feudal e introduzindo o comerciante entre os produtores familiares, estabelecendo uma sujeição progressiva dos produtores ao domínio daquele intermediário, que leva a economia familiar a desfigurar-se, e com o tempo a dissolver-se pelo desmonte estrutural diante da relação D-M-D (Dobb, 1988). Reclus data desse momento a ruína das comunidades e, com ela, a origem da desestabilização social que caracteriza a sociedade moderna, antecipando a mesma inferência de Quaini com seus efeitos sobre o metabolismo do homem e da natureza, e dos teóricos da renovação que veem também aí a origem da substituição da regulação da paisagem pelo espaço.

A intermediação mercantil e o envolvimento da produção familiar com o objetivo do mercado cria uma esfera da circulação separada da esfera da produção cuja tradução espacial é um arranjo voltado para organizar a hegemonia de uma esfera sobre a outra, dando início à duplicidade do espaço em absoluto, produtor de valores-de-uso, e relativo, organizador da captura e transformação daqueles no valor-de-troca e subsequente transformação no lucro, cuja unidade enfeixa o esquema da reprodução do capital em escala ampliada, que Smith vai analisar para o capitalismo avançado.

Com o tempo e a aceleração das trocas, a lógica mercantil se generaliza por todos os níveis, levando a sociedade comunitária a perder seus últimos traços. De um lado, há uma mercantilização que transforma a terra de bem imóvel em bem móvel, objeto de compra e venda, e assim em mercadoria, e cuja consequência é uma expropriação fundiária em massa do campesinato. De outro, há uma expulsão generalizada desse campesinato do campo para a cidade, que o transforma numa massa de proletários aglomerados nos bairros industriais e num numeroso exército de reserva de força de trabalho barata para as indústrias. De certa forma, essa é a origem da teoria da geografia social que, de Reclus a Brunhes, Sorre e George, chega à maioria dos teóricos da renovação e levará muitos leitores a batizá-la, tal como na designação dada àqueles clássicos, de uma geografia de conteúdo social e, pela mesma razão, de uma geografia crítica, no sentido de social e politicamente engajada.

Agricultura e indústria se separam, separando-se com elas campo e cidade. O campo doravante se reduz ao acolhimento da agricultura, enquanto a indústria se torna uma forma de atividade exclusiva da cidade. Campo e cidade formam o par celular da divisão territorial do trabalho, um arranjo do espaço arrumador de uma estrutura produtiva e de trocas especializadas que irá constituir-se na base da formação socioespacial capitalista do conceito de Milton Santos, referindo-se à ordem socioespacial assim estabelecida. É quando vai desaparecendo aquele quadro secular de paisagens agrícolas que domina capítulos inteiros dos livros de Vidal, Brunhes, Sorre e George, desmontado e reconstruído em termos de mercado moderno pelo avanço dessa divisão territorial do trabalho a caminho da escala mundial. Momento flagrado pela geografia alemã, com eco em Sauer, antevendo esse fim. É quando também a técnica emerge como a mola mestra da construção do espaço, uma construção destrutiva, vai dizer Brunhes, destrutiva das sociabilidades, dirá Sorre, evoluindo como uma componente supralocal, localizando-se aí o momento mais evidente da forma de organização geográfica trágica introduzida historicamente pelo processo da acumulação primitiva para Quaini.

A tese de Quaini introduz uma dimensão crítica de tipo novo sobre a técnica no pensamento geográfico. É praticamente ele quem a introduz em termos de modelo criado em função dos parâmetros da acumulação primitiva. Esta, para ele, não é apenas o processo da introdução de uma mudança radical nas estruturas comunitárias do passado pré-capitalista, mas, por conta disso, de uma modalidade espacial e técnica de relação metabólica, que Quaini encara como um paradigma. Um paradigma forjado pela mesma estratégia de abstratividade que, no interesse de instituir a hegemonia da dobradinha trabalho abstrato/valor-de-troca sobre a dobradinha trabalho concreto/valores-de-uso, forja a clivagem do "de dentro" e do "de fora", do homem e da natureza, do sujeito e do objeto pelo conceito abstrato de espaço. É um outro modo de concebê-la. Desde os clássicos a técnica é considerada a substância do espaço. Harvey vê nela o conteúdo que pelo beneficiamento transforma o solo em espaço. Ela é o substrato da transformação das paisagens naturais em paisagens humanizadas de Sauer. O cerne da conversão das sociedades da "natureza sofrida" em sociedades de espaço organizado de George, mas também fonte do descompasso da estrutura ecológico-territorial moderna para Quaini, não deixando de ecoar as críticas de Reclus, Brunhes e Sorre, ambiguamente críticos e admiradores da técnica.

Por isso mesmo, a teoria de Quaini é a que mais perto está de uma geografia com fundamento no metabolismo do homem e da natureza, abraçando, a um só tempo, a visão de integralidade teórica dos fundadores e a da teoria do materialismo histórico de Marx, mas com poder de abertura para incorporar as visões de integralidade contemporâneas (Moreira, 2006).

BIBLIOGRAFIA

Ab'Saber, Aziz Nacib. *O que é ser geógrafo?* Rio de Janeiro: Record, 2007.

Abreu, Adilson Avansi. A teoria geomorfológica e sua edificação: análise e crítica. *Revista do Instituto Geológico*. São Paulo, n. 1/2, ano 4, 1983.

______________. A teoria geomorfológica e sua edificação: análise e crítica. *Revista Brasileira de Geomorfologia*. Rio de Janeiro, n. 2, ano 4, 2003.

Abreu, Maurício de Almeira. Pierre Monbeig e os primórdios da geografia urbana no Brasil. In: Salgueiro, Helena Angotti (org.). *Pierre Monbeig e a geografia humana brasileira:* a dinâmica da transformação. Bauru: Edusc, 2006.

Andrade, Ricardo Sobral. *A face noturna do pensamento freudiano*: Freud e o romantismo alemão. Rio de Janeiro: EdUFF, 2001.

Annaert, Jean. Por uma geografia aplicada. *Boletim Geográfico*. Rio de Janeiro: IBGE, n. 202, ano XXVII, jan.-fev. 1968.

Azevedo, Aroldo de. A geografia francesa e a geração dos setenta. *Boletim Paulista de Geografia*. São Paulo: AGB-SP, n. 50, 1967.

______________. A geografia em São Paulo e sua evolução. *Boletim Paulista de Geografia*. São Paulo: AGB-SP, n. 81, 2004.

Baladin, R. K. *Acadêmico V. I. Vernadski*: hacia las cumbres del saber. Moscou: Editorial Mir Moscú, 1982.

Bernardes, Nilo. A influência estrangeira no desenvolvimento da Geografia no Brasil. *Revista Brasileira de Geografia*. Rio de Janeiro: IBGE, v. 34, n. 3, 1982.

Bourdieu, Pierre. A identidade e a representação: elementos para uma reflexão crítica sobre a ideia de região. In: ______________. *O poder simbólico*. Lisboa: Difel, 1989.

Bradford, M. G. e Kent, W. A. *A geografia humana*: teorias e suas aplicações. Lisboa: Gradiva, 1987.

Burton, Ian. A revolução quantitativa e a geografia teorética. *Boletim de Geografia Teorética*. Rio Claro, v. 7, n. 13, 1977.

Capel, Horacio. *Filosofía y ciencia em la geografía contemporánea*. Barcelona: Barcanova, 1981.

Cardoso, Ciro Flamarion. História da agricultura e história regional: perspectivas metodológicas e linhas de pesquisa. In: ______________. *Agricultura, escravidão e capitalismo*. Rio de Janeiro: Vozes, 1979.

Chartier, Roger. A história entre geografia e sociologia. In:______________. *À beira da falésia*: a história entre certezas e inquietudes. Porto Alegre: Editora Universitária da UFRGS, 2002.

Christofoletti, Antonio. *Geomorfologia*. São Paulo: Edgar Blucher/Edusp, 1974.

______________. As características da nova geografia. *Revista Geografia*. Rio Claro, n. 1, ano 1, 1976 (reeditado em ______________. *Perspectivas da geografia*. São Paulo: Difel, 1985).

Claval, Paul. *História da Geografia*. Lisboa: Edições 70, 2006.

Conte, Giuliano. *Da crise do feudalismo ao nascimento do capitalismo*. Lisboa: Presença/Martins Fontes, 1979.

Corrêa, Roberto Lobato. Carl Sauer e a geografia cultural. In: ______________. *Trajetórias geográficas*. Rio de Janeiro: Bertrand Brasil, 1997.

______________. Carl Sauer e a escola de Berkeley, uma apreciação. In: Rosendhal, Zeny e Corrêa, Roberto Lobato (org.). *Matrizes da geografia cultural*. Rio de Janeiro: Eduerj, 2001.

Dobb, Maurice. *A evolução do capitalismo*. São Paulo: Nova Cultural, 1988.

Dosse, François. O recurso geográfico dos historiadores. In: ______________. *História e Ciências Sociais*. Bauru: Edusc, 2004.

Etges, Virgínia Elisabeta. *Geografia agrária*: a contribuição de Leo Waibel. Santa Cruz do Sul: Edunisc, 2000.

Febvre, Lucien. A terra e a evolução humana: introdução geográfica à História. In: *Panorama da Geografia*, v. II. Lisboa: Cosmos, 1954.

Felds, E. Geomorfologia antropogenética. *Boletim Geográfico*. Rio de Janeiro: IBGE, n. 144, ano XVI, 1958.

Freitas, Marcelo Motta. Evolução da paisagem geomorfológica. In: Rua, João (org.). *Paisagem, espaço e sustentabilidade*: uma perspectiva multidimensional da geografia. Rio de Janeiro: Editora PUC-Rio, 2007.

George, Pierre. Problemas, doutrina e método. In: ______________. *Geografia ativa*. São Paulo: Difel, s/d.

______________. Existe uma geografia aplicada? *Boletim Geográfico*. Rio de Janeiro: IBGE, n. 174, ano XXI, 1963.

______________. *Sociologia e geografia*. Rio de Janeiro/São Paulo: Companhia Editora Forense, 1969.

______________. *Os métodos da geografia*. São Paulo: Difel, 1978.

Gregory, K. J. *A natureza da geografia física*. São Paulo: Bertrand Brasil, 1992.

Guattari, Felix. *Revolução molecular*: pulsações políticas do desejo. São Paulo: Brasiliense, 1977.

Harvey, David. *A justiça social e a cidade*. São Paulo: Hucitec, 1980.

James, Preston E. Continuidade e mudança do pensamento geográfico americano. In: ______________. *Geografia humana nos Estados Unidos*. Rio de Janeiro: Fórum Editora, 1970.

Johnston, R. J. *Geografia e geógrafos*: a geografia humana anglo-americana desde 1945. São Paulo: Difel, 1986.

Lacoste, Yves. *A geografia*: isso serve, em primeiro lugar, para fazer a guerra. São Paulo: Papirus, 1988.

Lefebvre, Henri. *A re-produção das relações de produção*. Porto: Escorpião, 1973.

Leuzinger, Victor Ribeiro. *Controvérsias geomorfológicas*. Rio de Janeiro: Jornal do Commercio, 1948.

Machado, Lia Osório. Origens do pensamento geográfico no Brasil: meio tropical, espaços vazios e ideia de ordem (1870-1930). In: Castro, Iná Elias et al. (org.). *Geografia*: conceitos e temas. Rio de Janeiro: Bertrand Brasil, 1995.

______________. As ideias no lugar: o desenvolvimento do pensamento geográfico no Brasil no início do século XX. *Terra Brasilis*. Rio de Janeiro, v. 2, 2000.

Machado, Mônica Sampaio. A implantação da geografia universitária no Rio de Janeiro. *GEOgraphia*. Niterói: PPGEO-UFF, n. 3, ano II, 2000.

Magaline, A. D. *Luta de classes e desvalorização do capital*. Lisboa: Moraes, 1977.

Mamigonian, Armen. A escola francesa de geografia e o papel de Cholley. *Cadernos Geográficos*. Florianópolis: CFH/UFSC, n. 6, 2003.

Martins, Luciana de Lima. Friedrich Ratzel hoje: a alteridade de uma geografia. *Revista Brasileira de Geografia*. Rio de Janeiro: IBGE, v. 54, n. 3, 1992.

Marx, Karl. *O capital*: crítica da economia política. Rio de Janeiro: Civilização Brasileira, 1968, livro 1, v. 2, parte 7.

______________. *Capítulo inédito d'O capital*. Porto: Publicações Escorpião, 1975.

______________. *O capital*: livro I, capítulo VI (inédito). São Paulo: Livraria e Editora de Ciências Humanas, 1978.

McDonald, James R. Controvérsias na atual geografia francesa. *Boletim Geográfico*. Rio de Janeiro: IBGE, n. 195, ano XXV, 1966.

Mendonza. Josefina Gómez. *El pensamiento geográfico*. Madrid: Alianza Universidad, 1982.

Monteiro, Carlos Augusto de Figueiredo. *A geografia no Brasil (1934-1977)*. São Paulo: IGEOG-USP, 1980.

Moraes, Antonio Carlos Robert. *Ideologias geográficas*. São Paulo: Hucitec, 1988.

______________. A antropogeografia de Ratzel. In: ______________. (org.). *Ratzel*. São Paulo: Ática, 1990.

Moreira, Ruy. *Para onde vai o pensamento geográfico?* São Paulo: Contexto, 2006.

______________. Espacidade. In: Oliveira, Márcio P. et al. (org.). *O Brasil, a América Latina e o mundo*: espacialidades contemporâneas. Rio de Janeiro: Lamparina, v. 1, 2008.

Pattison, William D. As quatro tradições da geografia. *Boletim Carioca de Geografia*. Rio de Janeiro: AGB-Rio, 1976.

Penha, Eli Alves. A criação do IBGE no contexto da centralização política do Estado Novo. *Memória institucional*. Rio de Janeiro: IBGE-CDDI, série Documentos para Disseminação, v. 4, 1993.

Pereira, José Veríssimo da Costa. A geografia no Brasil. In: Azevedo, Fernando de (org.). *As ciências no Brasil*. Rio de Janeiro: Editora UFRJ, v. 1, 1994.

Phlipponneau, Michel. *Geografia e ação*: introdução à geografia aplicada. Série Panorama da Geografia. Lisboa: Cosmos, 1964.

Plekhânov, George. *Os princípios fundamentais do marxismo*. São Paulo: Hucitec, 1978.

Prado Jr., Caio. A evolução da Geografia e a posição de Aires de Casal. *Boletim Paulista de Geografia*. São Paulo: AGB-SP, n. 19, 1955.

Quaini, Massimo. *Marxismo e geografia*. Rio de Janeiro: Paz e Terra, 1979.

Ribeiro, Orlando. Um mestre da geografia do nosso século: Emmanuel de Martonne (1873-1955). In: *Opúsculos geográficos*: pensamento geográfico. Lisboa: Fundação Calouste Gulbenkian, v. 2, 1989.

Ricotta, Lúcia. *Natureza, ciência e estética em Alexander von Humboldt*. Rio de Janeiro: Mauad, 2003.

Sader, Emir. Reinventando a Geografia. Entrevista com David Harvey. In: Sader, Emir (org.). *ContraCorrente*: o melhor da New Left Review em 2000. Rio de Janeiro: Record, 2001.

Sahtouris, Elisabet. *Gaia*: do caos ao cosmos. São Paulo: Interação, 1991.

Santos, Milton. *Por uma geografia nova*: da crítica da geografia a uma geografia crítica. São Paulo: Hucitec, 1978.

Santos, Sydney M. G. *A cultura opulenta de Everardo Backheuser*. Rio de Janeiro: Editora Carioca de Engenharia, 1989.

Sauer, Carl. Introducción a la geografía histórica. In: Cortez, Claude (org.). *Geografía histórica*. México: Instituto Mora/ UAM, 1991.

______________. A educação de um geógrafo. *GEOgraphia*. Niterói: PPGEO-UFF, v. 2, n. 4, 2000, p. 137-150.

______________. A morfologia da paisagem. In: Corrêa, Roberto Lobato e Rosendahl, Zeny (org.). *Paisagem, tempo e cultura*. Rio de Janeiro: Eduerj, 1998.

______________. Desenvolvimentos recentes em geografia cultural. In: Corrêa, Roberto Lobato e Rosendahl, Zeny (org.). *Geografia cultural*: um século. Rio de Janeiro: Eduerj, 2000a.

______________. Geografia cultural. In: Corrêa, Roberto Lobato e Rosendahl, Zeny (org.). *Geografia cultural*: um século. Rio de Janeiro: Eduerj, 2000b.

Schaefer, Fred K. O excepcionalismo na Geografia: um estudo metodológico. *Boletim Carioca de Geografia*. Rio de Janeiro: AGB-Rio, Número especial "Metodologia em Geografia", ano XXVII, 1976.

Schaerer-Warren, Ilse. *Movimentos sociais*. Florianópolis: Editora da UFSC, 1987.

Schimidt, Alfred. *El concepto de naturaleza en Marx*. Madrid: Siglo Veintiuno, 1976.

Smith, Neil. *Desenvolvimento desigual*: natureza, capital e a produção de espaço. São Paulo: Bertrand Brasil, 1988.

Sorre, Max. A noção de gênero de vida e sua evolução. In: Megale, Januário Francisco (org.). *Max. Sorre*. São Paulo: Ática, 1984.

SUERTEGARAY, Dirce Maria Antunes. Geomorfologia: conceitos e abordagens. In: ______________. *Geografia física e geomorfologia*: uma (re)leitura. Ijuí: Editora Ijuí, 2002.

TAAFFE, Edward J. A visão espacial em conjunto. *Boletim Geográfico*. Rio de Janeiro: IBGE, n. 247, ano 34, 1975.

TRICART, Jean. *Ecodinâmica*. Rio de Janeiro: IBGE/Supren, 1977.

TUAN, Yi-Fu. *Espaço e lugar*: a perspectiva da experiência. São Paulo: Difel, 1983.

VALCÁRCEL, José Oriega. *Los horizontes de la geografía*. Barcelona: Ariel, 2000.

VIDAL DE LA BLACHE, Paul. Os gêneros de vida na geografia humana. *GEOgraphia*. Niterói: PPGEO-UFF, n. 13, ano VII, 2005.

VLACH, Vânia Rúbia Farias. Carlos Delgado de Carvalho e a "orientação moderna" em geografia. In: VESENTINI, José William (org.). *Geografia e ensino*: textos críticos. São Paulo: Papirus, 1989.

VOLKENBURG, Samuel Van. Escola germânica de geografia. *Boletim Geográfico*. Rio de Janeiro: IBGE, n. 159, ano XVIII, 1960.

O AUTOR

Ruy Moreira

Professor associado 2 do Departamento de Geografia da Universidade Federal Fluminense (UFF), Ruy Moreira vem se dedicando a pesquisas cruzadas no campo da teoria e da epistemologia geográfica e da organização espacial da sociedade brasileira, objetivando situar o formato da teoria geral que defina o olhar próprio da Geografia e do geógrafo diante da tarefa dos saberes de dissecar o real estrutural do mundo e do Brasil. É mestre em Geografia pela Universidade Federal do Rio de Janeiro (UFRJ) e doutor em Geografia Humana pela Universidade de São Paulo (USP). Autor de diversos artigos e livros na área, publicou pela Editora Contexto *Para onde vai o pensamento geográfico?*, *Pensar e ser em geografia* e *O pensamento geográfico brasileiro vol. 1 – as matrizes clássicas originais.*

O AUTOR

[illegible]

[illegible] pela Universidade de São Paulo (USP). [illegible] pela Editora Contexto [illegible]

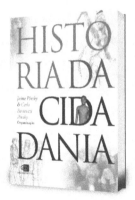

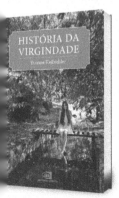